WÖLFE
DAS NEUE BILD VOM SCHEUEN JÄGER

Dr. Angelika Sigl Mira Meyer

WÖLFE
DAS NEUE BILD VOM SCHEUEN JÄGER

Nebel Verlag

INHALTSVERZEICHNIS

1 WISSENSWERTES ÜBER ISEGRIM Überlebenskünstler, Lehrmeister, Jäger mit Talent und Stammvater: das Erfolgskonzept Wolf. . . . . Seite 8

2 DIE WOLFSFAMILIE Von alten Hüten und den neuesten Erkenntnissen über das soziale Lebewesen Wolf.. . . . . Seite 34

3 RAUBTIER WOLF Er wählt seine Beute mit Bedacht und jagt mit ausgeklügelten Strategien, doch seine Beute ist ihm nicht hilflos ausgeliefert. . . . . Seite 76

4 VOM GUTEN UND VOM BÖSEN WOLF Verhasst, verehrt, verteufelt: Die vielen Gesichter des Wolfs. . . . . Seite 108

5 NEUES VOM WOLF Er ist wieder auf dem Vormarsch – naturkonform und rechtmäßig. . Seite 152

NACHLESE Adressenverzeichnis für Wolfparks, Register, Literaurverzeichnis, Bildquellen. . . . Seite 184

VOR**WORT**

DER WOLF – DAS NEUE BILD VOM SCHEUEN JÄGER Der Wolf ist die am weitesten verbreitete Wildtierart unter den Säugetieren. Nahezu kein Lebensraum kommt ohne den Jäger aus. Ob Meeres- oder Festlandklima, ob sumpfige Niederungen oder Hochgebirge – der Wolf kann überall leben. Anpassungsfähigkeit, Klugheit und Vorsicht sind seine Markenzeichen, die ihm bis heute immer wieder seinen Pelz retteten. Auch wenn durch die Rücksichtslosigkeit des Menschen die meisten seiner wertvollen, lokalen Varianten heute verschwunden sind und wichtiges genetisches Material damit für immer verloren ist, hat er heute eine neue Lobby und ist wieder und auf ganz neue Weise in den Mittelpunkt gerückt.

Neues und Erstaunliches hat die Wissenschaft zu berichten, auch wenn man bisher annahm, alles über den Wolf zu wissen. Doch ein großer Fehler hatte sich eingeschlichen: Die Erkenntnisse von in Gefangenschaft lebenden Wölfen wurden auf die wildlebenden Tiere einfach übertragen, denn die nötigen Techniken, Wölfe auch in ihrem natürlichen Lebensraum zu erforschen, gab es noch nicht. Nun gibt es sie und siehe da, der Wolf bekommt ein neues Gesicht, ein neues Image. Angefangen von der Einteilung eines Rudels in Anführer und Untergebene mit einer Klassifizierung vom Alpha- bis zum Omegawolf, bis hin zu neuen Erkenntnissen, die die Gründe der Rudelbildung betreffen. Der Wolf hat sich vom gerissenen Egoisten zum liebevollen Familientier gewandelt. Ob ihm die neuen Erkenntnisse auch helfen werden in einer immer zivilisierteren und vom Menschen dominierten Natur zu überleben?

Der Fall Isegrim schien zumindest im europäischen Raum lange Zeit relativ hoffnungslos zu sein. Der über Jahrhunderte hartnäckig durchgeführte Vernichtungsfeldzug hatte seine Opfer gefordert. Aus Europa schien der Wolf fast vollkommen verschwunden zu sein. Seine wenigen Rückzugsgebiete lagen in den Weiten Kanadas, Alaskas, Sibiriens oder Kasachstans.

Dann kam der Umschwung mit neuem Wissen und einem schlechten Gewissen der Menschen, denn den Wolfsbeständen ging es wirklich dreckig. Bisher ungeschriebene Gesetze – nämlich dass der Wolf als Teil unserer Natur seinen Platz hier haben muss – wurden amtlich: der Wolf gehört dank der Berner Konvention, einer Naturschutzvereinbarung aller europäischen Länder, seit 1979 zu den streng geschützten Tierarten. Zudem sieht die Fauna-Flora-Habitat-Richtlinie der Europäischen Union seit 1992 die Durchführung besonderer Schutzmaßnahmen wie die Erstellung und Umsetzung von Managementplänen und die Einrichtung besonderer Schutzgebiete für den Wolf vor. Nicht nur das Töten, sondern auch das absichtliche Stören und Fangen sowie Beeinträchtigungen im Lebensraum der Wölfe sind damit verboten.

Doch ist es überhaupt sinnvoll, in einer von Straßen, Eisenbahnschienen und Wanderwegen durchzogenen Natur einen scheuen, wilden Jäger zu halten? Wir sehen am Beispiel Europa, dass der Konflikt zwischen Mensch und Tier, zwischen Zivilisation und Natur, was Räuber wie Wölfe oder auch Bären betrifft, nahezu unüberwindbare Probleme aufwirft. Nehmen wir Deutschland: Wo gibt es noch Gebiete, die ausreichend groß und unbewohnt sind, um einen für Mensch und Wolf ungefährlichen Lebensraum darzustellen? Vor der Wiedervereinigung gab es sie nicht mehr, aber danach! Im Osten Deutschlands war der Wolf in vielen einsamen Gegenden nie ganz ausgestorben und gerade dort, wo angeblich der letzte deutsche Wolf geschossen worden war, in der Lausitz, tauchte der erste seiner Art wieder auf. Auf dem Truppenübungsplatz Oberlausitz südlich von Bad Muskau gibt es seit Mitte der 1990er Jahre regelmäßig Hinweise auf Wölfe. War es anfänglich nur ein einzelnes Tier, jagten 1998 zwei Wölfe in diesem Gebiet und seit dem Jahr 2000 werden hier sogar regelmäßig Welpen aufgezogen. Jedes Jahr wandern die herangewachsenen ein- bis zweijährigen Jungwölfe ab. Ihr Ziel: andere Regionen Deutschlands. Sie sind vom Osten her auf dem Vormarsch und auf der Suche nach neuen Revieren. Im brandenburgischen Teil der Lausitz fand man 2009 die ersten Spuren eines Rudels sowie eines welpenlosen Wolfspaares. Ein weiteres Rudel wurde in Sachsen-Anhalt an der Grenze zu Brandenburg nachgewiesen. Für fünf weitere Gebiete in Nordostdeutschland und sogar im nordhessischen Reinhardswald liegen Hinweise auf Wölfe vor.

Auch vom etwas südlicher gelegenen Böhmerwald wandern Wölfe nach Deutschland ein. In einem etwa 2000 Quadratkilometer großen Gebiet zwischen Böhmerwald und Bayerischem Wald sind schon lange gute Voraussetzungen für ein Überleben des Räubers gegeben. Die Waldweidewirtschaft wurde hier, im ehemaligen Grenzgebiet zwischen Bayern und Böhmen, vollkommen eingestellt und so ist der Kontakt zum Menschen gering. Auch Wild, die Lebensgrundlage für den Räuber, gibt es vielerorts in solchen Mengen, dass die Jäger es in einigen Gegenden zur Plage deklariert haben. Eine natürliche Regulation der Wildbestände durch den Wolf wäre deshalb sogar wünschenswert.

In anderen europäischen Ländern haben Wölfe geduldet oder versteckt überlebt. In Rumänien wurde der Wolf nie ausgerottet. Schafhirten, Förster und Jäger waren immer gewohnt, Wölfe in ihrer Umgebung zu akzeptieren und Lösungen für das Zusammenleben zu entwickeln. Durch Wolf und Bär sind hier wie überall die Schafherden auf den üppigen Wiesen vor der Stadt und in den Bergen gefährdet. Das Erfolgskonzept der Rumänen: Herdenschutzhunde und das Einstellen der Weidetiere während der Nacht.

In den letzten Jahren wanderten rund 20 Tiere aus den italienischen Abruzzen bis in die französischen Seealpen und ließen sich vorwiegend im Nationalpark Mercantour nieder. Die Konflikte mit Bauern ließen nicht lange auf sich warten. Schafzüchter und Jäger liefen gegen die Wölfe Sturm und verlangten deren Wiederausrottung. Die Behörden gehen mittlerweile von einer Population von mindestens 180 Wölfen aus, die in 19 Rudeln leben. Die französische Tageszeitung Le Parisien berichtete 2009, es gebe 20 Prozent mehr Wölfe als im Vorjahr. Allein im Jahr 2009 wurden 2677 Fälle von getöteten Schafen und Ziegen gemeldet – deshalb wird derzeit sogar über den Abschuss einiger Wölfe nachgedacht.

Auch in der Schweiz sind die Wölfe wieder zu Hause. Aufgesammelte Haare und Kot entlarvten auch sie als Italiener. Doch sie haben es in der Schweiz schwer, zu viele Berge, zu viele Siedlungen, zu wenig Nahrung und vor allem zu viele Wolfsgegner. Es gibt bereits laute Stimmen, die die Änderung der Berner Konvention in Hinblick auf den Wolfsschutz fordern. In einem Artikel der Wochenzeitung ZeitFragen steht: „Dieser Schritt ist dringend notwendig, denn nach Aussagen verschiedener Wolfsexperten besteht in der Schweiz die Gefahr der Rudelbildung. Das heißt, wir haben es in unserem Land nicht mehr mit einzelnen Wölfen zu tun, sondern mit einer ganzen Meute von 10 bis 15 Tieren." Was hier noch nicht bekannt ist, das Rudel ist die Lebensform des Wolfs – und nach den neusten

Erkenntnissen gilt: nur im Rudel ist der Räuber ausgeglichen und meidet in der Regel die Nähe zum Menschen! Auch in Nordamerika ist der Wolf wieder in großer Zahl da. Hier wurde er von den weißen Siedlern gejagt und verfolgt wie kein anderes Tier. Er überlebte in kleinen Gruppen in unwegsamen Biotopen und wartete auf eine neue Chance. Die kam, denn auch hier wurde er, bevor er vollends ausgestorben war, unter Schutz gestellt. Sogar aufwändige Wiederansiedelungsmaßnahmen wurden erfolgreich durchgeführt. Es scheint eine Art Zyklus zu sein, der sich beim Menschen, in dessen Macht es liegt, die Zahl der Wolfpopulationen zu steuern, immer wieder abspielt: erst der Hass, dann die Ausrottung, dann das schlechte Gewissen, Schutzmaßnahmen sowie die Wiederansiedlung, bis der Hass wieder zu groß wird und der Wolf erneut zum Opfer wird. Auslöser des Hasses gegen den großen Jäger sind immer wieder paradoxe Geschichten, die die Urängste des Menschen vor dem Verlust der Kontrolle und ihres Lebensraums hervorrufen. Sie scheinen nicht steuerbar zu sein.

Es stellt sich aber bei so vielen Vorurteilen und Abneigungen gegen eine geächtete Art die Frage, ob es überhaupt sinnvoll ist, um ihr Überleben zu kämpfen. Denn viele Arten, ob Tier oder Pflanze, sind schon von der Erde verschwunden, ohne dass ihr Verlust groß aufgefallen wäre. Geht es aber nicht irgendwann auch um unser eigenes Überleben, wenn wir aus dem Jahrmillionen gewachsenen Kreis der Lebewesen zu viele verbannen? Der Mensch ist es nun mal, der die Steuerung vieler Lebensabläufe in die Hand genommen hat, ohne sich der Tragweite seines Handelns bewusst zu sein. Der Mensch kann daher auch das Ruder wieder herumreißen. Das Schicksal des Wolfs steht möglicherweise sinnbildlich für das Leben auf der ganzen Erde. Der Wolf wurde vom Menschen und seinem Streben nach mehr, nach wirtschaftlichem Aufschwung, überrollt. Die Ökonomie hat die Ökologie in die Ecke gedrängt. Nun ist es angebracht, dass der Mensch erneut handelt mit einem Umschwung, allerdings in die entgegengesetzte Richtung, der vielleicht für uns alle zur Überlebensfrage wird. Ob er es schaffen wird, exemplarisch am Wolf seine Vorurteile abzubauen und die Bedingungen zu erfüllen, die der Wolf für einen Fortbestand braucht, ist ungewiss. Vielleicht können wir irgendwann die Spirale des Hasses durchbrechen und endlich einen Schlussstrich ziehen – unter das Streben die Natur dominieren zu wollen.

WISSENSWERTES ÜBER
ISEGRIM

ÜBERLEBENSKÜNSTLER WOLF Einen Wolf in freier Wildbahn zu erleben, dürfte den meisten Menschen nicht vergönnt sein. Er ist scheu und lebt zurückgezogen – doch bekannt ist er allen. In Märchenbüchern frisst er Großmütter und in Comics versucht er als Latzhose tragender Bösewicht drei kleinen Schweinchen das Dach über dem Kopf wegzupusten. Beim Lesen solcher Geschichten ist klar: Schweine leben nicht in Häusern und Wölfe tragen keine Latzhosen, doch der Ruf des Wolfs ist und bleibt der eines Bösewichts. Die Angst vor dem Wolf verhinderte lange, dass man sich genauer mit ihm beschäftigte, und bis heute können die meisten Menschen einen Hund nicht einmal von einem Wolf unterscheiden.

WOLF IST NICHT GLEICH WOLF Die Vielfalt der Wölfe ist zwar bei Weitem nicht so groß wie die unserer Hunderassen, doch auch unter den Wölfen gibt es erstaunliche Unterschiede: Es gibt große und kleine, graue, braune, aber auch schwarze und weiße, schlanke und etwas kräftigere Wölfe. Ihr Aussehen richtet sich nach ihrem Lebensraum: Der sogenannte Timberwolf in den östlichen Waldgebieten Nordamerikas ist meist grau, mit einem Körpergewicht von etwa 40 Kilogramm. In der kanadischen Arktis und in Grönland lebt ein mittelgroßer Wolf mit langem, weißem oder cremefarbenem Fell: der Polarwolf. Und die Wölfe der warmen und heißen Regionen wie dem vorderen Orient sind klein, mit 20 Kilogramm relativ leicht, braun, grau oder lohfarben (rotbraun bis mahagonifarben). Die euro-

Wie der Wolf variiert auch der Deutsche Schäferhund in Körperbau und Fellfarbe. Vor allem graue Schäferhunde aus der Leistungszucht haben eine sehr große Ähnlichkeit mit Isegrim. Daher können viele Menschen Schäferhund und Wolf nicht voneinander unterscheiden.

päischen Wölfe haben einen schlanken, stromlinienförmigen Körper und bringen etwa 30 Kilogramm auf die Waage. Damit und mit ihrem graubraunen Fell ähneln sie dem deutschen Schäferhund.

OPTIMAL ANGEPASST Egal wo der Wolf – man nennt ihn übrigens wissenschaftlich auch „Grauwolf" – auf der Erde lebt, er hat sich optimal an seinen jeweiligen Lebensraum angepasst. Die arktischen Wölfe sind die größten, man spricht von 80 Kilogramm, während die europäischen und die in südlichen Ländern lebenden Wölfe wesentlich kleiner und leichter sind. Doch warum ist das so? Im Norden sind Wölfe wesentlich kälteren Temperaturen ausgesetzt als die Südwölfe. Da große Tiere im Verhältnis zu ihrer Masse grundsätzlich eine geringere Oberfläche haben als kleine Tiere, können sie Wärme besser speichern und geben sie nicht so schnell nach außen ab. Ein Grund, warum es in der Arktis auch nur die großen Eisbären und keine kleinen „Eismäuse" gibt. In der Biologie nennt man diese Gesetzmäßigkeit „Bergmann'sche Regel". Man kann sie sich an einem ganz einfachen Beispiel leicht verdeutlichen: große gekochte Kartoffeln kühlen viel langsamer ab als kleine.

DAS RICHTIGE OHR Ein weiterer Trick der Natur, Wärme zu speichern, ist die Verkleinerung von Körperanhängen wie zum Beispiel der Ohren. Tiere in kälteren Regionen haben deshalb viel kleinere Ohren als ihre Verwandten im Warmen. So ist das auch bei den Wölfen. Über die kleinen Ohren geben sie nur wenig Wärme an die Umgebung ab, während die Wölfe in heißen Regionen überschüssige Wärme optimal über ihre großen Ohren abgeben können. Auch diese Gesetzmäßigkeit hat einen Namen: „Allen'sche Regel".

DAS ERFOLGSKONZEPT WOLF Der Wolf ist der größte Vertreter der Familie der Hunde, zu der auch Füchse, Schakale, Kojoten und natürlich unsere Haushunde gehören. Wie keinem anderen Mitglied der Hundefamilie, ja wie keinem anderen Säugetier, ist es dem Wolf gelungen, unterschiedlichste Lebensräume zu besiedeln. Auf mehr als der Hälfte der gesamten Landfläche der Erde war er zu Hause – bis der Mensch ihn verdrängte.
In Amerika erstreckte sich sein Lebensraum von den arktischen Inseln und Nordgrönland bis weit in den Süden nach Mexiko. Außerhalb Nordamerikas bewohnte er die Regionen von der Polarküste bis in den Süden Indiens, von den Britischen Inseln und der Atlantikküste im Westen bis zum Pazifik und Japan im Osten.
Ob Meeres- oder Festlandklima, ob sumpfige Niederungen oder Hochgebirge – der Wolf kommt überall zurecht. Mittlerweile sogar in vom Menschen besiedelten Lebensräumen. Anpassungsfähigkeit, Klugheit und Vorsicht sind seine Markenzeichen, die ihm bis heute immer wieder seinen Pelz retteten.

Seite 18/19: So unterschiedlich können Wölfe sein: Weiße Polarwölfe (links) und schwarze Timberwölfe (rechts).

REGELN DER NATUR   Der Wolf hat sich, egal wo er lebt, optimal an seinen jeweiligen Lebensraum angepasst. Auffällig ist dabei, dass Wölfe, die in den kälteren nördlichen Breitengraden leben, größer sind als die Wölfe, die in den wärmeren südlichen Gebieten leben. Der Grund für diesen Unterschied ist mit der Bergmann'schen Regel zu erklären: Je größer ein Tier ist, desto kleiner ist im Verhältnis dazu seine Körperoberfläche. Dadurch verlieren große Tiere weniger Wärme als kleine. Außerdem haben große Tier meist ein dickeres Fell, ein mächtigeres Federkleid oder dickere Fettschichten, die sie wärmen können, als kleine Tiere.

Bei Wölfen fällt aber noch etwas auf: die unterschiedlich großen Ohren. Während die Arktiswölfe sehr kleine Ohren haben, sind die der im Süden lebenden Wölfe (Pallipeswolf, Arabischer Wolf) sehr groß. Das ist ein weiterer Trick der Natur, um Wärme zu speichern. Durch kleinere Körperanhänge wird weniger Wärme an die Umgebung abgegeben, als über große. So können die Arktiswölfe Wärme besser speichern, während die Wölfe in heißen Regionen überschüssige Wärme optimal über ihre großen Ohren abführen können. Diese Gesetzmäßigkeit nennt man „Allen'sche Regel".

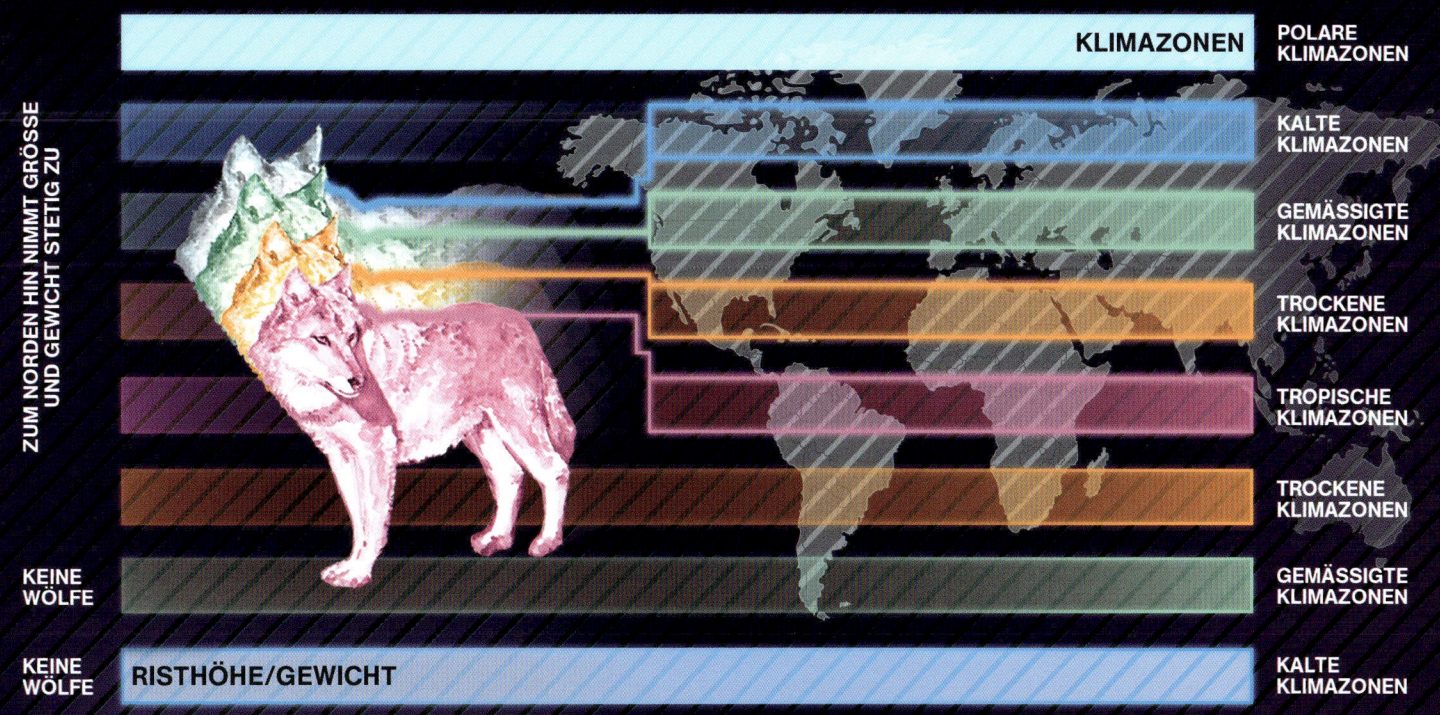

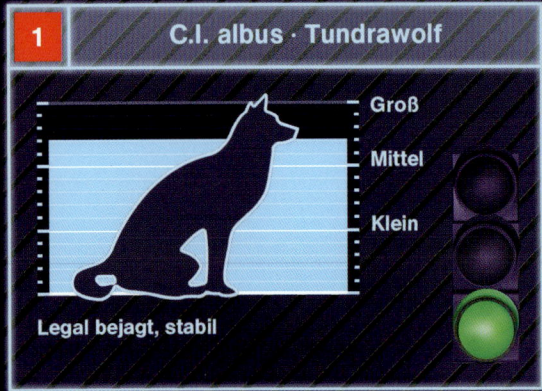

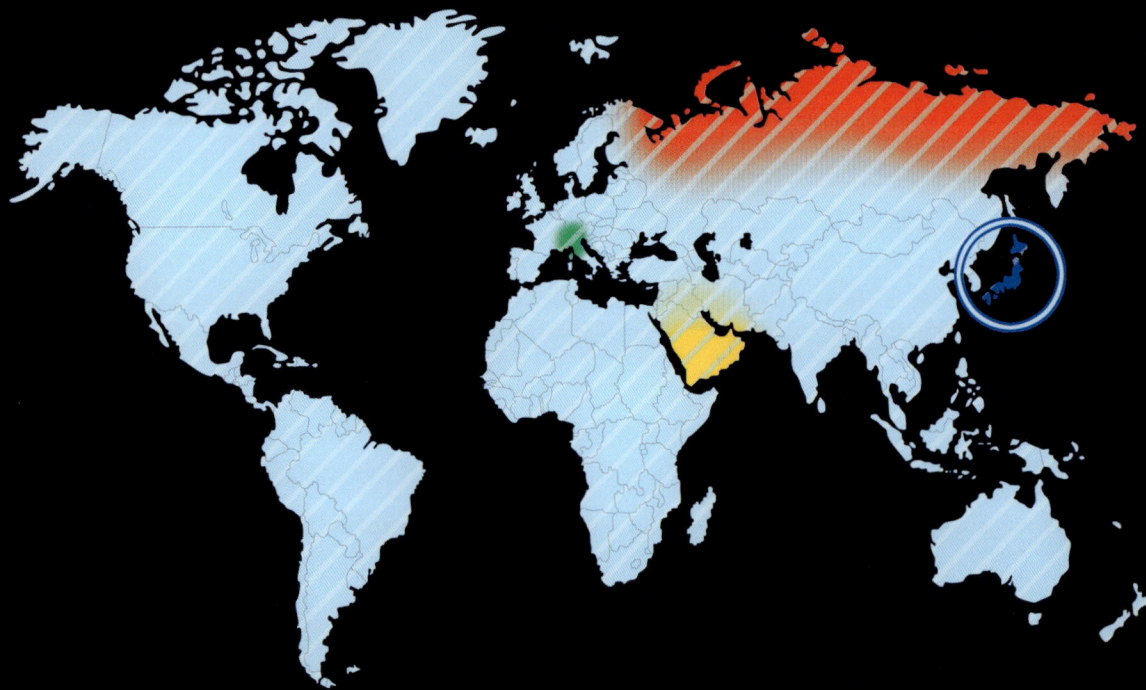
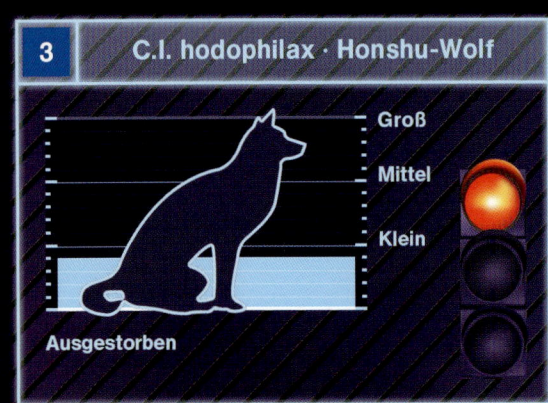
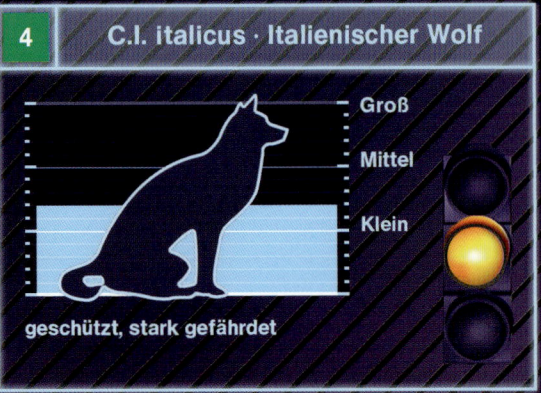

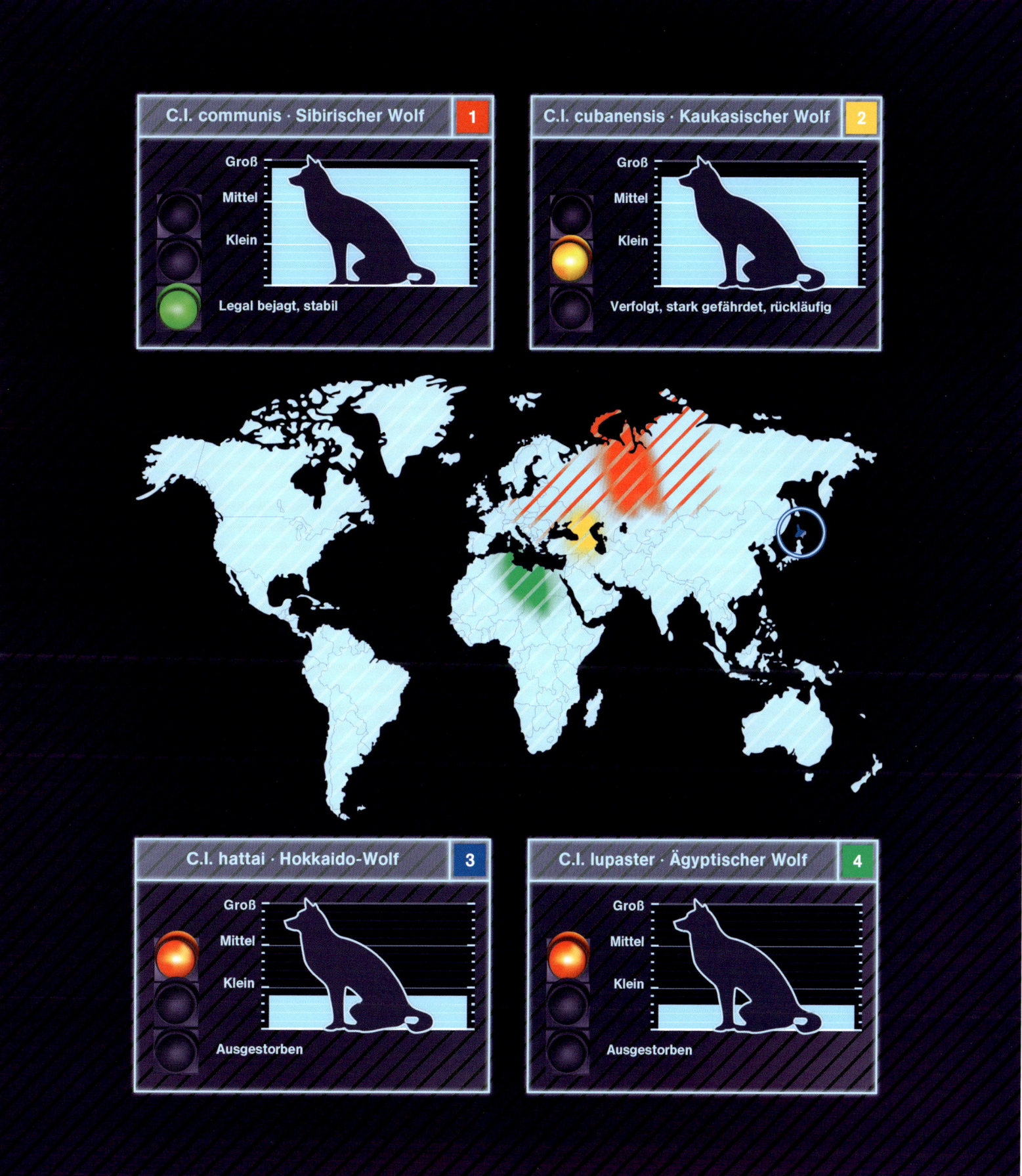

Unterteilung der Unterarten nach Mech und Boitani, 2003

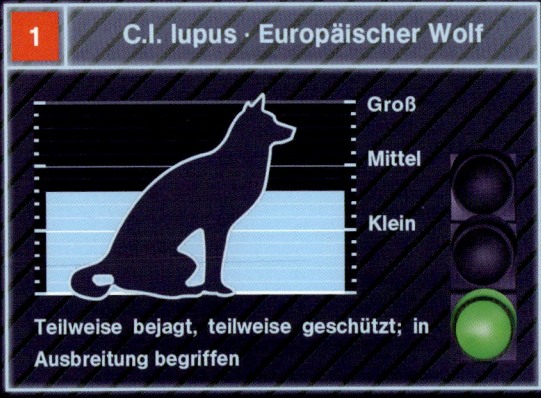
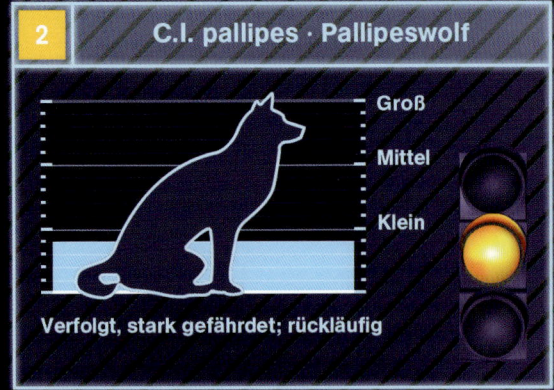
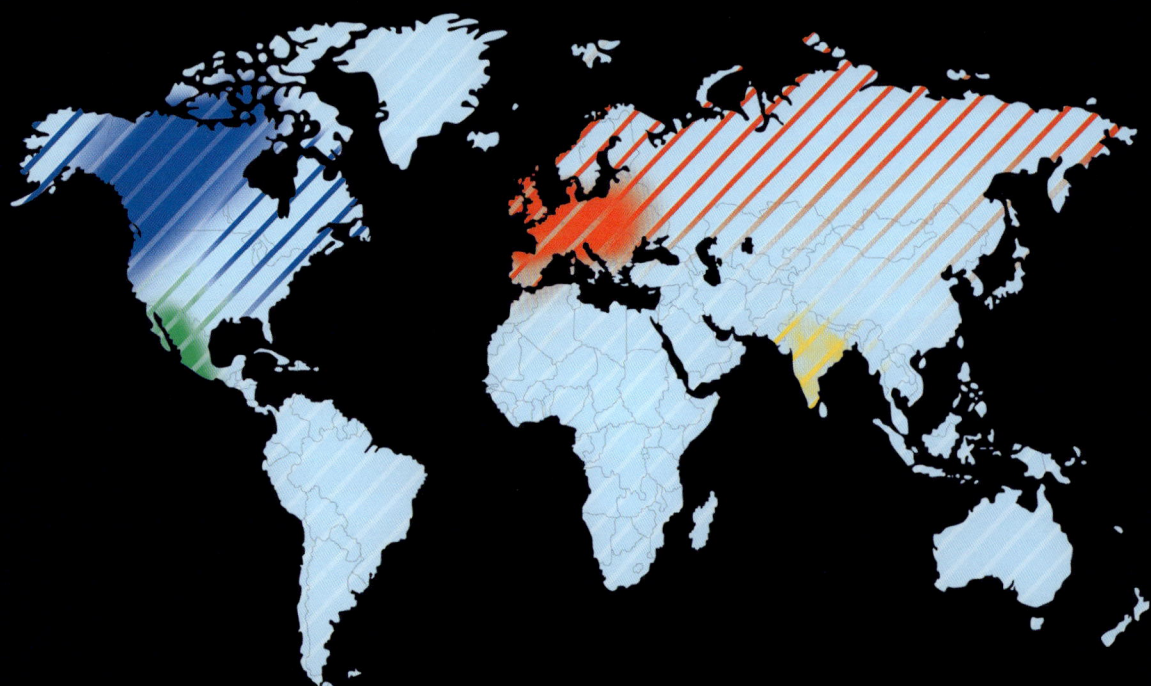

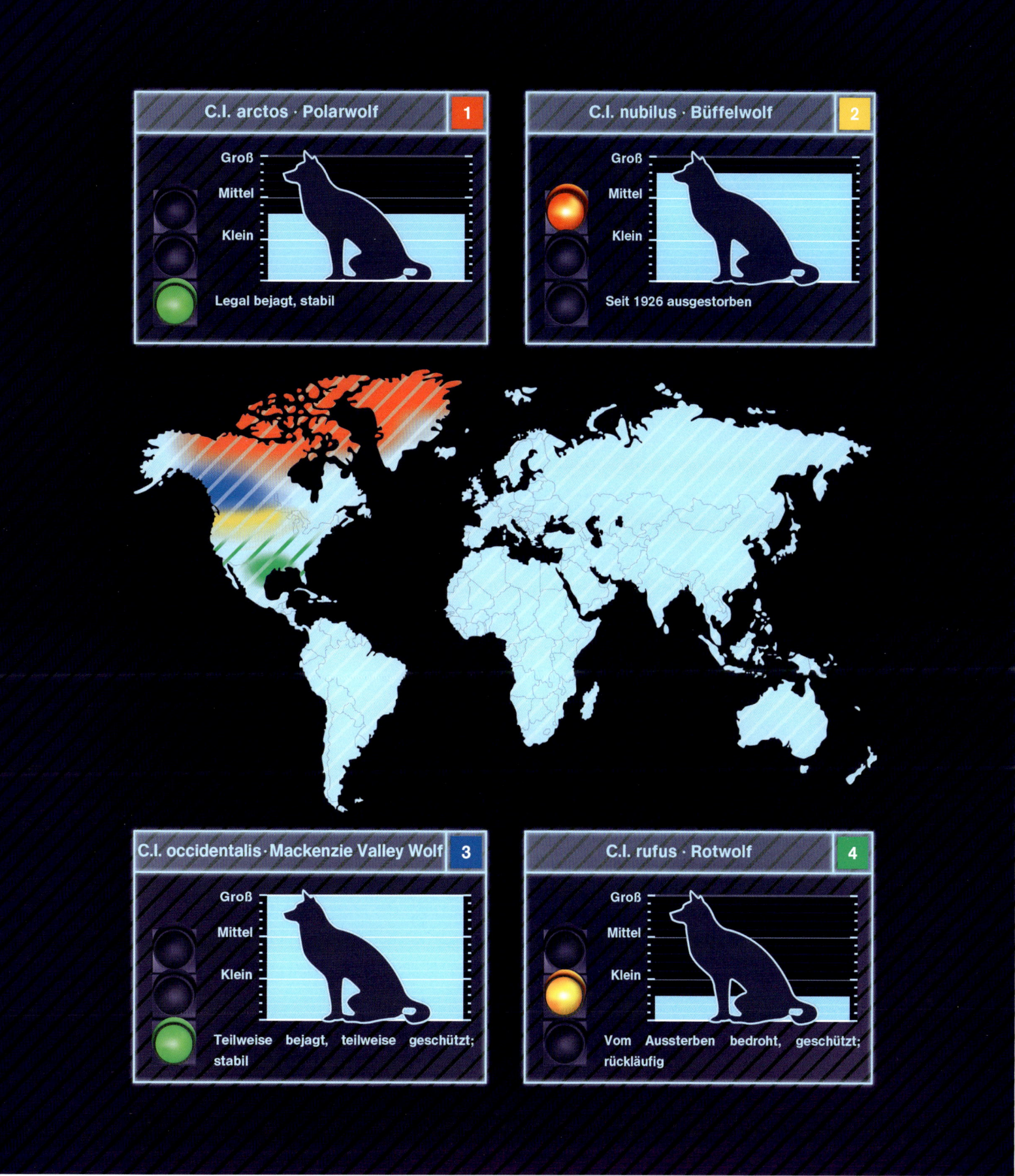

Unterteilung der Unterarten nach Mech und Boitani, 2003

TOMARKTUS – STAMMVATER DES WOLFS

Seine Geschichte geht weit in die Vergangenheit unseres Planeten zurück. Vor etwa 15 Millionen Jahren, im oberen Miozän, entwickelte sich Tomarctus. Tomarctus war ein verhältnismäßig kleines Raubtier, aus dem sich durch langsame, schrittweise Anpassung Wölfe, Füchse, Schakale und noch einige andere Arten entwickelten. Alle Nachfahren von Tomarctus rechnet man zur Familie der Hundeartigen, der Canidae. Die Familie besteht vermutlich aus 13 Gattungen mit etwa 38 Arten. Die genaue Taxonomie, ihre Einteilung, ist umstritten. Eins ist jedoch sicher: eine Gattung in der Familie der Hundeartigen ist die der echten Hunde (Canis) und dort hinein gehört auch der Wolf.

Der lateinische Name des Wolfs setzt sich aus dem Gattungsnamen Canis und dem Artnamen lupus zusammen: Canis lupus – der Wolf.

UNTERARTEN Streit gibt es auch bei der Unterteilung der verschiedenen Wölfe in Unterarten: Bei der genauen Anzahl scheiden sich die Geister. Schwierig ist es vor allem deshalb, weil einige Unterarten sich äußerlich sehr ähnlich sehen. Man kann sie nur durch das Vermessen von Gebissen, Schädeln und Knochen sowie den Vergleich genetischer Fingerabdrücke eindeutig zuordnen. Andere Unterarten machen es den Forschern leichter. Sie unterscheiden sich äußerlich stark und kommen in völlig unterschiedlichen Lebens-

Bastard oder evolutionäre Zwischenstufe zum Wolf? Die Abstammung des Rotwolfs bleibt ein Mysterium. Selbst genetische Tests liefern bis heute keine eindeutige Antwort.

räumen vor wie der große, weiße arktische Wolf im Vergleich zum zierlichen, gelbbraunen indischen Wolf.

WO WOLF DRAUF STEHT, IST NICHT IMMER WOLF DRIN Einige Wissenschaftler vermuten, dass es neben dem Grauwolf eine zweite Wolfsart geben könnte: den Rotwolf „Canis rufus", der heute nur noch im Südosten der USA vorkommt. Der Name Rotwolf ist dabei sehr verwirrend, denn ein Rotwolf ist nicht immer rot wie der Name vermuten lässt. So wie der Grauwolf nicht zwangsläufig grau sein muss, kommt der Rotwolf in zimtrot, beigegrau oder auch schwärzlich daher.
Ob er wirklich eine eigene Art darstellt, es sich nur um eine Unterart des Grauwolfes handelt oder er vielleicht gar kein echter Wolf ist, sondern nur eine Kreuzung aus Kojote und Wolf, darüber wird bis heute gestritten.

VERWIRRUNG AUF WISSENSCHAFTLICHEM NIVEAU Der Mähnenwolf hat ein ähnliches Problem. Sein Name gaukelt etwas vor, was das Tier nicht halten kann: Der Mähnenwolf ist nämlich ganz und gar kein Wolf. Erst sein lateinischer Name klärt über diesen Irrtum auf: Chrysocyon brachyurus. Der Mähnenwolf gehört zwar zur gleichen Familie wie der Wolf, aber zu einer völlig anderen Gattung. Mähnenwölfe leben in Südbrasilien und Paraguay und sehen aus wie ein zu groß geratener Rotfuchs mit relativ langer Mähne. Sie sind die größten Wildhunde der Welt.

Spricht man vom Prärie-, Busch- oder Heulwolf ist damit der Kojote gemeint. Er gehört, im Gegensatz zum Mähnenwolf, zur gleichen Gattung wie der Wolf, ist jedoch eine andere Art. Um die Verwirrung zu komplettieren, werden Buschwolf und Kojote manchmal für unterschiedliche Arten gehalten. Doch hier handelt es sich nur um zwei verschiedene Namen für dasselbe Tier!

VOM WOLF ZUM HAUSHUND So sind unsere Haushunde näher mit dem Wolf verwandt als Mähnen- und Rotwölfe. Der Wolf ist der Stammvater aller unserer Hunde! Aber wie konnte aus einem wilden Wolf ein Mops werden?
Wann und wo der erste Wolf als Haustier gehalten wurde, ist unbekannt. Viele Experten gehen davon aus, dass zu verschiedenen Zeiten (zwischen 135.000 bis 15.000 Jahren vor unserer Zeitrechnung) an verschiedenen Orten der Welt Wölfe ins „Haus" geholt wurden. Erst später wurden sie je nach Wunsch und Bedürfnis zu unseren heutigen Hunderassen gezüchtet. Mittlerweile gibt es über 400 verschiedene Rassen – die Mischlinge nicht mitgezählt. Da sich Haushunde in jeder Hinsicht sehr stark von Wölfen unterscheiden, stellen sie heute eine eigene Art dar: Canis familiaris.

Seite 22: Kaum zu glauben! Auch wenn all diese Hunderassen äußerlich nichts mehr mit dem Wolf gemein haben, stammen sie dennoch von ihm ab. 1. Mops, 2. Berner Sennenhund 3. Königspudel, 4. Cocker Spaniel, 5. Chart Polski.

GEFÄHRTE DES MENSCHEN Der Wolf war wohl das erste Tier, noch vor Lamm und Rind, das der Mensch zum Haustier machte. Vermutlich diente er zuerst als Fell- und Fleischlieferant. Allerdings hielt man ihn nicht im Stall wie unsere heutigen Nutztiere Kuh und Schwein. Denn ein Tier zur Fleischgewinnung zu halten, das selbst auf Fleisch angewiesen ist, macht wenig Sinn. Man jagte den Wolf in der Wildnis.

Im Zuge einer Jagd wurden wahrscheinlich immer wieder ganze Rudel ausgelöscht. Die hilflosen Welpen überlebten. Sie wurden als Spielgefährten für die Kinder mitgenommen und integrierten sich so in die Menschengruppe. Doch diese Welpen müssen noch sehr jung gewesen sein, denn schon nach kurzer Zeit im Rudel ist es nicht mehr möglich, Wolfswelpen auf den Menschen zu prägen. Schon nach wenigen Tagen haben sie die Vorsicht, Scheu und Aggression des Rudels übernommen.

ÄHNLICHKEITEN Dass es zu dieser erstaunlichen Annäherung eines Räubers mit dem Menschen kam, kann auch daran liegen, dass es zwischen Wolf und Mensch Gemeinsamkeiten gibt: Beide Spezies sind gesellig und leben in einem Familienverband, in dem die einzelnen Mitglieder sich ständig untereinander austauschen. Wölfe kommunizieren über ein ausdrucksvolles Minenspiel, Körpersignale, Geruchsinformationen und Lautäußerungen. Allein durch Bewegungen der Stirn-, Mund- und Ohrmuskulatur sowie der Augen können sie ihrem Gegenüber mitteilen, wie sie sich fühlen, was sie wollen oder nicht wollen – darauf können Artgenossen entsprechend reagieren.

Bei Menschen ist das ähnlich: Auch wir haben ein ausgefeiltes Minenspiel und eine differenzierte Körpersprache, die in vielen Teilen mit denen des Wolfs übereinstimmt. So ist zum Beispiel das Abwenden des Körpers ein Zeichen für Desinteresse oder dafür, dass man möglichen Konflikten aus dem Weg gehen möchte. Natürlich können wir auch Gefühle anderer Tiere wie Vögel oder Meerschweinchen erahnen – aber eben nur erahnen. Die meisten Tiere haben kein fein abgestuftes oder gar kein Minenspiel und wir können ihren Gefühlszustand nur an anderen Dingen festmachen: zum Beispiel an Lautäußerungen, an der Körperhaltung oder an Fluchtreaktionen. Das gegenseitige Verständnis legte den Grundstein für eine enge Beziehung zwischen Mensch und Wolf.

JÄGER MIT TALENT Sowohl Wolf als auch Mensch waren in der Zeit, in der sie enger zusammenwuchsen, Jäger. Der Mensch konnte jedoch vom Wolf bezüglich Jagdtechnik, Aufstöbern von Beute und Zusammenarbeit mit anderen Tieren viel lernen.

So arbeiten Wölfe häufig mit Kolkraben zusammen. Scheinbar sind Wölfe in der Lage, Verhaltensweisen der Vögel zu deuten. Wenn Kolkraben über einer Fläche Kreise ziehen, dann folgen ihnen die Wölfe, denn sie wissen, dass dort wahrscheinlich ein frisch gerissenes Tier oder ein älterer Tierkadaver zu finden ist. Der Wolf kann sich damit an der Mahlzeit der

Vögel beteiligen, ohne selbst Energie für die Jagd zu verschwenden. Doch nicht nur die Wölfe profitieren, auch die Vögel ziehen ihren Nutzen aus der Zusammenarbeit. Raben sind nicht in der Lage, einen Kadaver zu öffnen, dabei kommen ihnen wiederum die Wölfe zu Hilfe.

LEHRMEISTER WOLF Der Mensch lernte vielleicht auch vom Wolf, dass Hirsche und Rehe scharfe Hufe haben und der Stoß eines mächtigen Geweihs für den Angreifer tödlich sein kann. Er sah die Gefahren von Ferne, ohne die Erfahrungen selbst machen zu müssen. Vielleicht zog er auch aus erfolglosen Jagdversuchen der Wölfe seine Lehre und verbesserte daraufhin die eigenen Jagdmethoden. Im Durchschnitt ist die jagdliche Erfolgsquote des Wolfs allerdings sehr niedrig. Der Mensch übertraf ihn rasch – letztlich mit Hilfe seiner Waffen. Dadurch wurde er zum Konkurrenten des Wolfs auf der Suche nach Nahrung und später auch auf der Suche nach Lebensraum.

DER SUPERJÄGER Unter den Hundeartigen ist der Wolf der schnellste und geschickteste Jäger. Seine ausgezeichneten Riech- und Hörleistungen und seine kluge Taktik beim Jagen verleihen ihm eine Vormachtstellung. Artgenossen oder Beute riecht er bis auf eine Entfernung von zwei Kilometern und seinen Ohren entgeht fast nichts. Als Zehenläufer und durch seine langen Beine ist er ein ausgesprochen guter Sprinter. Auf Kurzstrecken erreicht er Geschwindigkeiten von bis zu 50 Kilometer in der Stunde, teilweise sogar mehr. Auf Langstrecken ist er ebenfalls ungeschlagen: In lockerem Trab kann er in einer Nacht bis zu 56 Kilometer zurücklegen. Die durchschnittliche Geschwindigkeit, mit der Wölfe diese langen Strecken laufen, liegt bei etwa neun Kilometer in der Stunde.

Die Kniegelenke des Wolfs sind nach innen gerichtet, während die Pfoten nach außen gestellt sind. Dadurch setzt er seine Füße beim Laufen fast genau in einer Linie auf; seine Spur ist entsprechend schmal. Das macht ihn auch in unwegsamem Gelände schnell und trittsicher.

LEIBWÄCHTER WOLF In gezähmter Form war der Wolf für den Menschen noch viel nützlicher. Er war nicht nur Jagdbegleiter und Beschützer, sondern er hielt auch die Rastplätze und später die Siedlungen der Menschen sauber. Ratten, Mäuse und Abfall wurden von ihm vertilgt. Zudem war er ein idealer Spielgefährte für die Kinder. Noch heute sorgen Hunde bei den Turkana, einem Volk in Kenia, für die Unterhaltung der Kinder und kümmern sich nebenbei um die Körperpflege der Kleinsten.

ZÄHNE WIE AUF EINER PERLENKETTE Der heutige Haushund hat nur noch wenige Gemeinsamkeiten mit seinem Stammvater. Zwar ist die Tragzeit bei Hunden und Wölfen immer noch die gleiche und auch der Fellwechsel im Frühling, die Ausbildung des

Seite 26/27: Wölfe haben insgesamt 42 Zähne. Davon sitzen, wie an einer Perlenkette aufgereiht, 20 im Ober- und 22 im Unterkiefer.

KOLKRABE - BEGLEITER DES WOLFS

So wie der Wolf ist auch der Rabe bei den Menschen seit jeher verhasst. Er gilt als Todbringer und steht für das Böse – genau wie Isegrim. Doch das ist nicht das einzige, was Raben und Wölfe verbindet: Beide Arten sind sehr sozial und leben in Gruppen mit Artgenossen. Doch anscheinend können sie auch soziale Bindungen untereinander eingehen, denn dort wo Raben und Wölfe gemeinsam vorkommen, haben sie sich zusammengetan: zu einer Art Jagdgemeinschaft. So ist der Rabe für den Wolf ein Vorbote auf eine leckere Mahlzeit und der Wolf für den Raben ein Helfer beim Nahrungsverzehr. Wölfe halten nach Raben Ausschau, die am Himmel ihre Kreise ziehen, denn dort liegt meist ein ungeöffneter Kadaver oder Aas. Der Wolf kann sich an der Mahlzeit der Vögel beteiligen, ohne selbst Energie für die Jagd zu verschwenden. Doch nicht nur die Wölfe profitieren dadurch, auch die Vögel ziehen ihren Nutzen aus der Zusammenarbeit. Vögel sind nicht in der Lage, einen Kadaver zu öffnen, dabei kommen ihnen dann die Wölfe zu Hilfe.

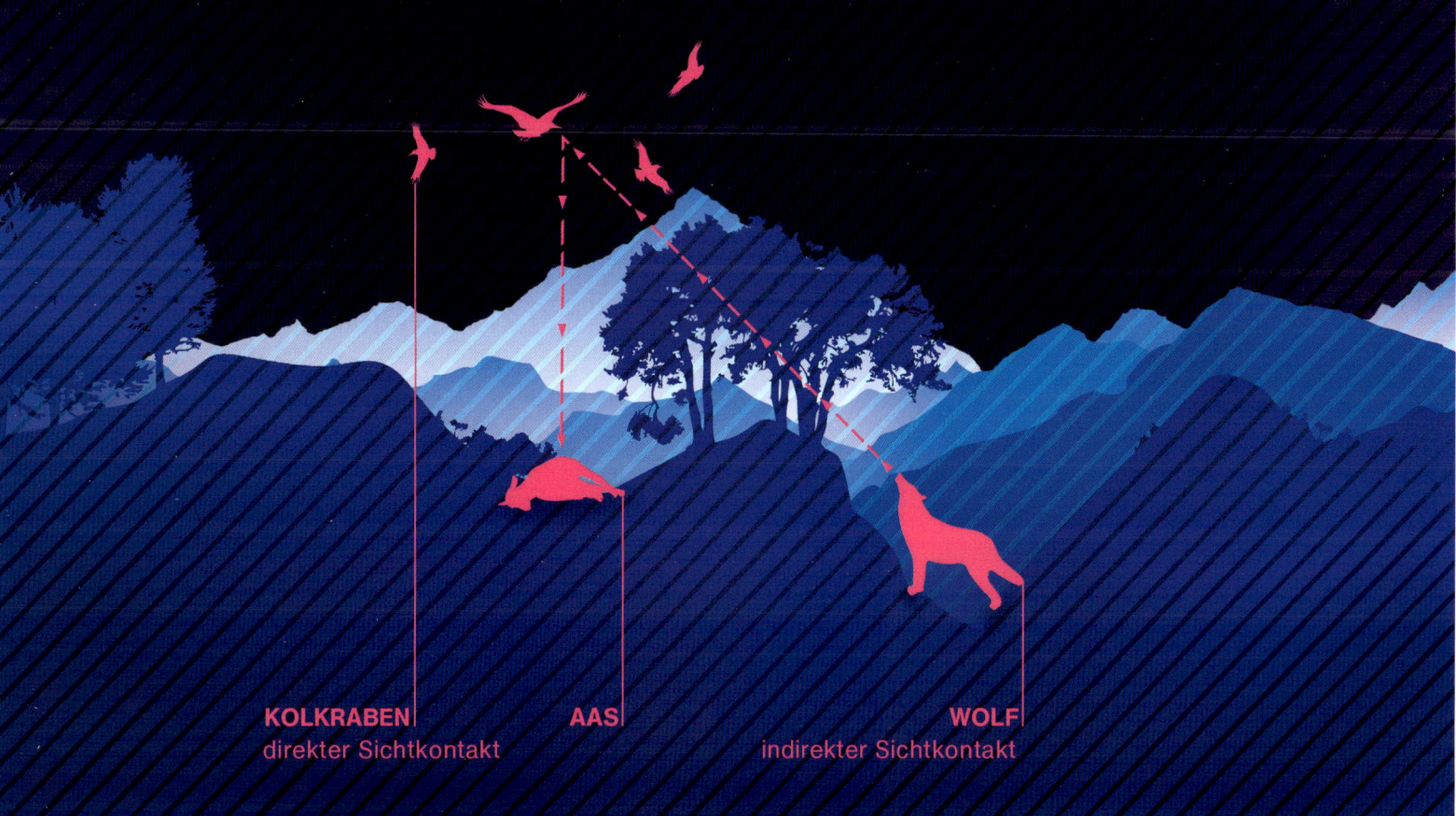

KOLKRABEN kreisen über dem Aas

WOLF leitet anhand des Verhaltens der Raben die Position des Aas' ab

KOLKRABEN direkter Sichtkontakt

AAS

WOLF indirekter Sichtkontakt

Winterfells und die Reihenfolge, mit der die ersten Zähne erscheinen. Doch es gibt auch Unterschiede, vor allem in der Morphologie, der äußeren Erscheinung. Die Stellung der Zähne ist dafür nur ein Beispiel: Während die Zähne wild lebender Wölfe normalerweise wie an einer Perlenkette hintereinander aufgereiht sind, haben in Gefangenschaft lebende Wölfe und Hunde schräg im Kiefer stehende Zähne. Man vermutet, dass sich die Zahnstellung auf Grund der unterschiedlichen Futterbesorgung und -aufnahme verändert hat.

DER HUND - EIN DEGENERIERTES WILDTIER?

Ebenso sind Kopf- und Körperform des Wolfs im Laufe der Entwicklung zum Hund anders geworden. Der Schädel eines Wolfs ist im Vergleich zu dem eines Hundes sehr groß und gerade im vorderen Bereich viel länger. Der Körperbau des Wolfs ist eher quadratisch, während der eines Hundes meist rechteckig ist. Nicht direkt offensichtlich, aber dennoch den äußerlichen Unterschieden von Wolf und Hund zuzuordnen, ist die Violdrüse: eine Duftdrüse, die beim Wolf an

der Schwanzwurzel sitzt und beim Hund fehlt. Die Unterschiede in Biologie und Verhalten zwischen dem Hund und seinem Stammvater sind am auffälligsten. Während eine Fähe (weiblicher Wolf) nur einmal im Jahr Welpen bekommen kann, können Hündinnen zweimal im Jahr trächtig werden.

ANDERE LEBENSUMSTÄNDE – NEUE ANPASSUNGEN Eine besonders entscheidende Veränderung beim Wolf im Zuge der Umwandlung vom Wildtier zum Haustier war das Schrumpfen seines Gehirnvolumens – um stattliche 30 Prozent. Das ist nichts Ungewöhnliches, wenn ein Wildtier domestiziert wird – die meisten Haustiere haben ein kleineres Gehirn als ihre wilden Verwandten. Daran sind die veränderten Lebensumstände schuld: Muss der wilde Wolf ständig auf der Hut vor Gefahren sein und sein Futter selbst besorgen, kann der Hund in der Obhut des Menschen entspannter in den Tag hinein leben. Die tägliche Futterration ist ihm sicher und er muss nicht ständig auf der Hut vor Gefahren sein. So wurde vornehmlich der Bereich des Gehirns reduziert, der für die Angst zuständig ist. Die domestizierten Wölfe verloren dadurch mehr und mehr ihre Scheu, was gleichzeitig einen angstfreien Umgang mit dem Menschen mit sich brachte.

Gerade in der Welpen- und Jugendphase erlernen Hundeartige viele wichtige Verhaltensweisen im Spiel. Während der Spieltrieb der Wölfe mit den Jahren abnimmt, bewahren die meisten Hunderassen ihn bis ins hohe Alter.

SPIELTRIEB Nach der Theorie einiger Hundeexperten bleiben Haushunde in ihrer Entwicklung vom Welpen zum erwachsenen Tier auf einer Vorstufe des Wolfs stehen. Damit könnte das immer noch jugendliche Verhalten bereits erwachsener Hunde erklärt werden. Im Gegensatz zu Wölfen bewahren sich unsere Haushunde ihren Spieltrieb nämlich bis ins hohe Alter.

Das gilt vor allem für die Gesellschaftsrassen, deren Hauptaufgabe es ist, den Menschen zu gefallen (Chihuahua, Papillon, etc.). Bei ursprünglichen Rassen, die seit Jahrhunderten darauf gezüchtet werden, ihre Aufgaben selbstständig zu erfüllen, zum Beispiel beim Beschützen einer Schafherde, trifft das nicht ganz zu.

Natürlich waren die Veränderungen vom Wolf zum Haushund nicht innerhalb eines Wolfslebens abgeschlossen. Sie brauchten ihre Zeit und erst über viele Jahrtausende hinweg wurde aus dem Wolf ein eifriger, williger, untertäniger Jagd-, Hüte- oder Begleithund.

ABSURDE VERWANDTSCHAFT Nachdem ein „Urhund" entstanden war, fing der Mensch an, ihn nach seinen Vorstellungen zu formen: die gezielte Züchtung für bestimmte Aufgaben begann. Von jetzt an veränderte sich das Äußere der Hunde immer mehr. Dem Menschen gelang es innerhalb von nur wenigen Generationen, spezielle Merkmale wie lockiges Fell beim Pudel oder die verkürzte Schnauze eines Mopses zu züchten. Vom Chihuahua mit einer Schulterhöhe von 10 bis 23 cm bis zum Irischen Wolfshund mit einer

Schulterhöhe von 86 cm ist bei unseren Haushunden heute alles vertreten.

BINDUNGEN Der größte Unterschied zwischen Wolf und Hund liegt in der Wahl seiner Gefährten. Während der Hund in der Lage ist, sich sehr eng dem Menschen anzuschließen, und er zum großen Teil auf die Gesellschaft eines oder mehrerer Hunde verzichten kann, braucht der Wolf die Gesellschaft von Artgenossen dringend. Der Mensch ist für den Wolf keine Alternative. Eins haben Wolf und Hund immer noch gemeinsam: Sie suchen einen Anführer. Der Haushund kann diesen in seinem Menschen finden, der Wolf hingegen braucht seinesgleichen – auch als Leittier käme der Mensch für ihn nie in Frage. Prof. Kurt Kotrschal von der Universität Wien weiß: „Wir Menschen sind nicht Teil des Wolfsrudels. Wenn ich mich heute als Alphawolf unter Wölfen aufspiele, brauche ich mich nicht zu wundern, dass ich spätestens in ein paar Jahren herausgefordert werde und sicher besiegt werde – von einem Wolf." Er weiß, wovon er spricht, denn als Mitbegründer des WolveScienceCenters im österreichischen Wildpark Ernstbrunn hat er Erfahrung mit Wölfen. Gemeinsam mit seinen Kollegen zieht er Timberwölfe auf, um die Beziehung zwischen Mensch und Wolf zu erforschen.

VON DURCHSTARTERN UND SPÄTZÜNDERN
Wölfe sind mit etwa zehn Monaten voll ausgewachsen und kaum mehr von den Elterntieren zu unterscheiden. Bei Hunden hingegen hängt die Schnelligkeit des Wachstums mit der Rasse zusammen. In der Regel gilt: Kleine Hunderassen sind früher ausgewachsen als große. Während ein Bernhardiner ungefähr zwei Jahre braucht, bis er seine volle Größe und Körperstatur erreicht hat, ist ein Chihuahua schon viel früher ausgewachsen. Im Gegensatz zu Wölfen können Haushunde sich mit dem Erwachsenwerden Zeit lassen. Junge Wölfe müssen spätestens im Winter die Ausdauer und Kraft eines erwachsenen Wolfs besitzen, denn dann beginnt die Zeit der Wanderungen. Vor allem die Wölfe des Nordens müssen oft bis 200 Quadratkilometer auf der Suche nach Nahrung durchstreifen. Können die Jüngsten nicht mithalten, ist das ihr Todesurteil.

Die Lebenserwartung eines Wolfs liegt in freier Wildbahn bei ungefähr 10 bis 13 Jahren. Viele erreichen dieses Alter jedoch nie. In Gefangenschaft und bei guter Pflege können die Tiere wesentlich älter werden – bis zu 20 Jahre.

Seite 32/33: Wölfe brauchen Artgenossen um sich wohl zu fühlen. Der Mensch ist für sie als Lebenspartner keine Alternative.

FEINDE, DIE DER WOLF FÜRCHTEN MUSS   Wölfe haben nur wenige natürliche Feinde und stehen damit ganz am Ende der Nahrungskette. Dennoch kann es vorkommen, dass in einer Population jeder zweite Wolf stirbt. Doch wodurch, wenn er doch für kein anderes Tier im Ökosystem als Beute in Frage kommt?

In gesättigten Populationen sterben die meisten Wölfe während Auseinandersetzungen zwischen ihren Rudeln – hier sind sie sich selbst der größte Feind.

Doch auch der Mensch ist oft für den Tod eines oder mehrerer Wölfe verantwortlich. Sei es durch legale oder illegale Bejagung, Wolfskontrollprogramme oder durch Unfälle auf Straßen oder Schienen.

Krankheiten wie Parvovirose, Staupe, Räude, Tollwut und Herzwürmer gehören ebenfalls zu den Todesursachen genauso wie der Kampf mit einem wehrhaften Beutetier. Die Beutetiere töten den Wolf meist nicht direkt, die Verletzungen sind in der Folge für die Wölfe dennoch häufig tödlich. Doch weil Wölfe ein relativ großes Reproduktionspotenzial besitzen, können sie, sobald eine gewisse Individuenzahl vorhanden ist, die hohen Mortalitätsraten oft wieder ausgleichen.

IST DER MENSCH nicht involviert, sind Rivalitätskämpfe die Haupttodesursache.

FAMILIENBANDE
DER WÖLFE

2

EIN ALTER HUT? Lange Zeit hielt man Wolfsrudel für straff organisierte Gruppen, die durch einen despotischen Anführer geleitet werden. Die Führer sorgten angeblich für Zucht und Ordnung und hielten alle untergeordneten Tiere in Schach. Benahm sich ein im Rang tiefer stehender Wolf zu aufmüpfig, wurde er mit gefletschten Zähnen, lautem Geknurr und Bissen in seine Schranken verwiesen. Die Anführer waren nach damaliger Meinung ständig damit beschäftigt, ihre Macht gegenüber rangniederen Tieren zu demonstrieren, um nicht von ihrer Position verdrängt zu werden.

RANGFOLGE AUF GRIECHISCH In dieser von Wissenschaftlern konstruierten Hierarchie hatte jedes Rudelmitglied seinen Rang. Es gab einen Wolf am Anfang und einen am Ende der Hierarchiekette. Um die Wölfe mit ihren unterschiedlichen Rangstellungen zu benennen, bediente man sich des griechischen Alphabets. So nannte man den Anführer „Alphawolf". Diese Position teilten sich – und teilen sich auch heute noch – ein männliches und ein weibliches Tier. Nach ihnen folgte der Betawolf, dann der Gammawolf und so weiter bis zum rangniedrigsten Glied der Hierarchie, dem Omegawolf. Der Omegawolf hatte so gut wie keine Rechte und musste ständig auf der Hut vor den anderen Rudelmitgliedern sein, denn er war so etwas wie der Prügelknabe der Gruppe. Den Frust des Verlierers einer Auseinandersetzung musste häufig der Omegawolf ausbaden, denn der Verlierer münzte seine angestaute Wut auf den Schwächeren und ließ sie an ihm aus. Er musste sich allen anderen ergeben, durfte erst als letzter fressen und an Fortpflanzung war bei ihm gar nicht erst zu denken. Die Wissenschaft hatte allen Wölfen eines Rudels einen Platz zugewiesen. Entsprach das aber wirklich der Realität?

DER FEHLER: FORSCHUNG AN GEFANGENEN WÖLFEN Dass ein Wolfsrudel despotisch geführt wird, glauben auch heute noch viele Menschen – mittlerweile weiß man es aber besser: Eine straffe, hierarchische Organisation tritt hauptsächlich in Rudeln in Gefangenschaft auf. Wildlebende Rudel hingegen leben in von Fürsorge geprägten Familienverbänden zusammen. Wie konnte es passieren, dass man diesem Irrtum aufgesessen ist, der den Wölfen ein vollkommen anderes Verhalten unterstellte? Haben möglicherweise diese Fehlinterpretationen Einfluss auf die Haltung des Menschen gegenüber dem Wolf gehabt? Warum diese krasse Fehlinterpretation der Wissenschaftler? Falsche Methoden?

Zur Zeit der ersten Wolfsforschungen gab es nicht die technischen Möglichkeiten, die wir heute haben. Frei lebende Wolfsrudel zu beobachten, war damals fast unmöglich. Die Forscher lösten das Problem mit einem Trick: Sie sperrten Wölfe in ein Gehege. Dadurch

Die Körpersprache verrät viel: Ohren vorne, Rute oben und runde Lefzen zeugen von Selbstsicherheit. Beim „Prügelknaben" hingegen deuten die angelegten Ohren und die nach hinten gezogenen Lefzen auf Unsicherheit.

Seite 38/39: Chorheulen stärkt das Zusammengehörigkeitsgefühl im Rudel und selbst die Kleinsten stimmen schon in den Gesang der Erwachsenen mit ein.

konnten sie jeden Tag, ohne große Umstände, das Leben dieser Wölfe beobachten und Erkenntnisse sammeln.

Bei der Zusammensetzung der Gruppe machten sie sich nicht allzu viele Gedanken, was nach damaligem Kenntnisstand auch nicht nötig war. Es schien sicher: Ein Rudel besteht aus Wölfen unterschiedlicher Herkunft, die sich in der Wildnis zufällig treffen und sich zum Zwecke des besseren Jagens zusammenschließen. So stellten auch die Forscher ihre Beobachtungsgruppen willkürlich zusammen, griffen auf die Wölfe zurück, die am leichtesten zu fangen waren, und sperrten sie in ein Gehege. Ein fataler Fehler, wie sich nun herausstellte! Denn für Wölfe ergibt sich in solchen Situationen ein großes Problem: Sie kennen einander nicht und müssen wie jede beliebig zusammengewürfelte Gruppe zuerst ausloten, wer welche Position einnimmt. Bis die Rangfolge geklärt ist – und auch darüber hinaus, wenn die Mitglieder nicht zueinander passen, aber sich der Situation nicht entziehen können – kommt es immer wieder zu Auseinandersetzungen.

PUTSCH VORPROGRAMMIERT Hat sich ein Anführer in einem künstlichen Rudel herauskristallisiert, darf er keine Schwäche zeigen, denn die anderen warten nur darauf, ihn seines Postens zu entheben. Eine Nachlässigkeit oder eine Verletzung des Alphatieres wird von in der Rangfolge nachfolgenden Wölfen gnadenlos ausgenutzt. So konnte man beobachten, dass sich zwei ehemalige Streithähne eines Rudels gegen den Anführer verbündeten, als dieser durch eine Verletzung geschwächt war. Einer der Angreifer übernahm sodann den Posten des Gestürzten.

KONKURRENZ AN ALLEN ECKEN Vor allem wenn mehrere geschlechtsreife Männchen und Weibchen in einem Gehege leben, ist eine willkürlich zusammengewürfelte Gruppe, nach dem was man heute weiß, eine unhaltbare Situation. Die Rüden wetteifern ständig um ihre Vormachtstellung und die paarungsbereiten Weibchen konkurrieren genauso untereinander. Werden in dieser Situation zwei Würfe gleichzeitig geboren, geht es bald um Leben und Tod. Beide Mütter müssen dafür sorgen, dass ihre Welpen genug zu fressen bekommen. Einen einzelnen Welpen oder gar den ganzen Wurf zu verlieren, bedeutet für die Fähe eine Katastrophe. Die Austragung und Aufzucht der Welpen hat sie viel Energie gekostet, die verschwendet wäre, würden die Welpen nicht überleben. Deshalb gehen Wölfe für das Überleben der eigenen Welpen wenn nötig sogar über Leichen: Im Gehege kann immer wieder beobachtet werden, dass ein Weibchen die Welpen der konkurrierenden Mutter tötet.

STREITSÜCHTIG UND BRUTAL Kämpfe sind bei Gehegewölfen an der Tagesordnung. Die Wissenschaftler stellten dieses Verhalten demnach als natürlich dar und klassifizierten den Wolf als mordendes, egoistisches Wesen. Doch was sie außer Acht gelassen hatten, war, dass viele der ausgetragenen Kämpfe nur deshalb so erbittert waren oder sogar tödlich endeten, weil die Tiere sich in Gefangenschaft nicht ausweichen können.

WÖLFE IN DER NATUR SIND ANDERS Erst neuere Freilandforschungen, ermöglicht durch moderne Technik, konnten die Theorien der damaligen Wolfsforscher widerlegen. Doch es war nicht alles umsonst und falsch, was die Forscher bis dahin entdeckt hatten. Im Gegenteil, viele der in Gefangenschaft gewonnenen Erkenntnisse kamen den Freilandforschern jetzt zugute. So fanden diese heraus, dass eine streng hierarchische Struktur für wildlebende Wölfe nicht gänzlich auszuschließen ist. Es gibt Rudel mit bis zu 30 Tieren, die aus mehreren Familien bestehen. In diesen großen Gruppen gibt es durchaus eine Führungsriege und Untergebene bis hin zum – nennen wir ihn wie bisher – Omegawolf. Doch solche Riesenrudel sind selten, selten, in der Regel besteht ein Rudel aus nur einer Familie.

DIE FAMILIE Eine Familie die als Rudel zusammen lebt, besteht normalerweise aus den Elterntieren, ihren Sprösslingen der vergangenen Jahre und den Welpen des aktuellen Jahres. Je nach Reviergröße und Nahrungsangebot kann ein Rudel aus bis zu fünf Generationen bestehen. Im Schnitt leben aber nur vier bis acht Wölfe zusammen. Warum Wölfe sich für die Lebensform als Rudel entscheiden, wurde im Zuge der Freilandarbeit neu überdacht. Früher nahm man an, dass ein Zusammenhang zwischen Rudelgröße und der Größe der Beutetiere besteht. Viele Wölfe können eine größere Beute jagen. Wenige nur eine kleinere. Auf den ersten Blick klingt das zwar logisch. Doch die Freilandforschungen zeigten, dass die Anzahl der Rudelmitglieder nicht automatisch die Anzahl derer ist, die auf die Jagd gehen. In typischen Rudeln, die aus nur einer Familie bestehen, gehen zwar alle auf die Jagd, doch die unerfahrenen Wölfe des letzten Wurfes tragen nur unwesentlich oder gar nicht zum Jagderfolg bei. In größeren Rudeln gehen oft erst gar nicht alle Mitglieder mit. Meist bleibt ein Teil zurück, besucht ehemalige Risse (geschlagene Beute) oder verschwindet für mehrere Tage ganz aus dem Rudel. Es ist also falsch anzunehmen, dass die Größe der Beute mit der Größe des Wolfsrudels einhergeht.

MITESSER Dieser Theorie widerspricht auch, dass man schon Einzelgänger dabei beobachtet hat, wie sie ein Bison oder einen Elch töteten. Das heißt, der Wolf muss nicht im Rudel zur Jagd gehen! Ganz im Gegenteil, die Rudeljagd hat sogar einen entscheidenden Nachteil gegenüber der Einzeljagd: Rudeljäger müssen teilen, Einzeljäger nicht! Sicherlich wird die Jagd durch mehrere Helfer leichter, weil Beutetiere besser eingekesselt und gestellt werden können. Außerdem ist das Jagen im Rudel für den einzelnen Wolf in Bezug auf Verletzungen wesentlich risikoärmer. Doch notwendig ist das Rudel für den Jagderfolg nicht.

Daraus schlossen die Wissenschaftler: Weder ein größerer Jagderfolg, noch die vermutete Unfähigkeit eines einzelnen Wolfs, große Beutetiere zu erlegen, sind Gründe für ein Leben im Rudel. Was ist aber dann der Grund für ein besseres Leben im Rudel? Das jeweilige Nahrungsangebot und die dazugehörige Kosten-Nutzen-Rechnung für das einzelne Tier sprechen für ein Leben in der Gruppe. Gibt es einen Überschuss an Nahrung, ist es sinnvoller, die Überbleibsel einer geschlagenen Beute dem eigenen Nachwuchs zu überlassen, als es an Pumas, Bären oder Raben abzutreten. Damit bleibt die Energie, die für die Jagd benötigt wurde, in der Familie. Nur ein gesunder, kräftiger Wolf kann sich fortpflanzen und damit seine eigenen Gene weitergeben – das Hauptziel aller Tierarten. Ein Wolf gibt die erbeutete Energie in Form von Nahrung daher nicht völlig selbstlos an seine Nachkommen weiter, sondern er unterstützt damit das Überleben seiner eigenen Gene. Das Rudel ist für den Altwolf ein Vorteil.

GRUPPENLEBEN Aber auch für die Jungwölfe bietet das Gruppenleben viele Vorteile. Die Versorgung mit ausreichend Nahrung, der bessere Schutz vor Feinden, die Erfahrungen, die sie im Rudel in Punkto Zusammenleben machen, und die Tricks und Kniffe, die sie sich von ihren Eltern abschauen können, erhöhen ihre Überlebenschancen. Die Forscher fanden nun heraus, dass auch der Zeitpunkt, wann Jungwölfe das Rudel verlassen, um sich einen Geschlechtspartner zu suchen, vom Nahrungsangebot abhängt. Solange es genug Futter gibt, lohnt es sich für den Nachwuchs, bei den Eltern zu bleiben. Wird das Nahrungsangebot knapp, muss er das Rudel verlassen – vor allem dann, wenn bereits neue Nachkommen geboren wurden. Wolfseltern versorgen immer zuerst ihre Welpen, bevor die älteren Geschwister sich bedienen dürfen. Im Gegensatz zu den Welpen wären die Jungwölfe eigentlich schon in der Lage, sich selbstständig zu versorgen. Sie werden nur noch geduldet.

Spätestens wenn das Bedürfnis, sich fortzupflanzen zu stark wird, in der Regel im Alter von 11 bis 24 Monaten, kehren die Jungwölfe ihrem Geburtsrudel den Rücken und machen sich auf die Suche nach einem Paarungspartner.

WALD DER EINSAMEN HERZEN In den weitläufigen Gebieten, in denen Wölfe bevorzugt leben, ist es schwer, einen Partner zu finden - der Zufall führt zwei einsame Herzen nur selten zusammen. Forscher vermuten, dass alleinstehende Wölfe deshalb heulen. Das Heulen ist weit zu hören und zwei Wölfe aus unterschiedlichen Rudeln könnten sich leichter finden. Doch geheult wird viel. Aber Wölfe können ganz klar Sprache und Stimme deuten. Wölfe erkennen am Geheul, ob es sich um einen fremden Wolf handelt oder ein Rudelmitglied. Denn jeder Wolf hat seine eigene Stimmlage. Kräftezehrende und unnötige Wanderungen werden vermieden, wenn es sich beim Heulenden um einen Verwandten handelt, der als Partner nicht in Frage kommt. Auf der Suche nach Partnern werden auch

Seite 44/45: Gerade in der Paarungszeit sucht vor allem die Fähe immer wieder den Kontakt zum Rüden. Um ihn zu animieren, wirft sie sich vor ihm auf den Rücken und stupst ihn mit der Pfote.

WIESO ZUERST DIE WELPEN? Bei der Verteilung von Futter in einem Rudel achten die Elterntiere darauf, dass zuerst ihre Welpen versorgt sind. Erst danach dürfen sich die älteren Geschwister bedienen. Warum ist das so? Beide, sowohl Welpen als auch ihre Geschwister, gehören zum Rudel und tragen die Gene ihrer Eltern in sich. Deshalb wäre es nur natürlich, wenn die Elterntiere darauf achten, dass alle genug zu fressen bekommen. Da die Welpen aber noch nicht so widerstandsfähig sind wie ältere Wölfe, verkraften sie eine ausfallende Mahlzeit nur schlecht. Nach dieser Logik müssten die Eltern auf ihr Futter verzichten, denn ihre Widerstandskräfte sind noch größer als die eines Jungwolfs. Theoretisch ist das richtig, doch für die Praxis eine sehr dumme Vorgehensweise. Denn wenn die Eltern nichts fressen, werden sie zu schwach zum Jagen und dann hat bald die ganze Familie nichts mehr zu fressen. Warum sorgen dann nicht die Jährlinge für Futternachschub? Die Jährlinge sind noch zu unerfahren, um verlässlich große Beute zu jagen und alle Rudelmitglieder ausreichend mit Futter zu versorgen: das Schicksal des Rudels wäre besiegelt.

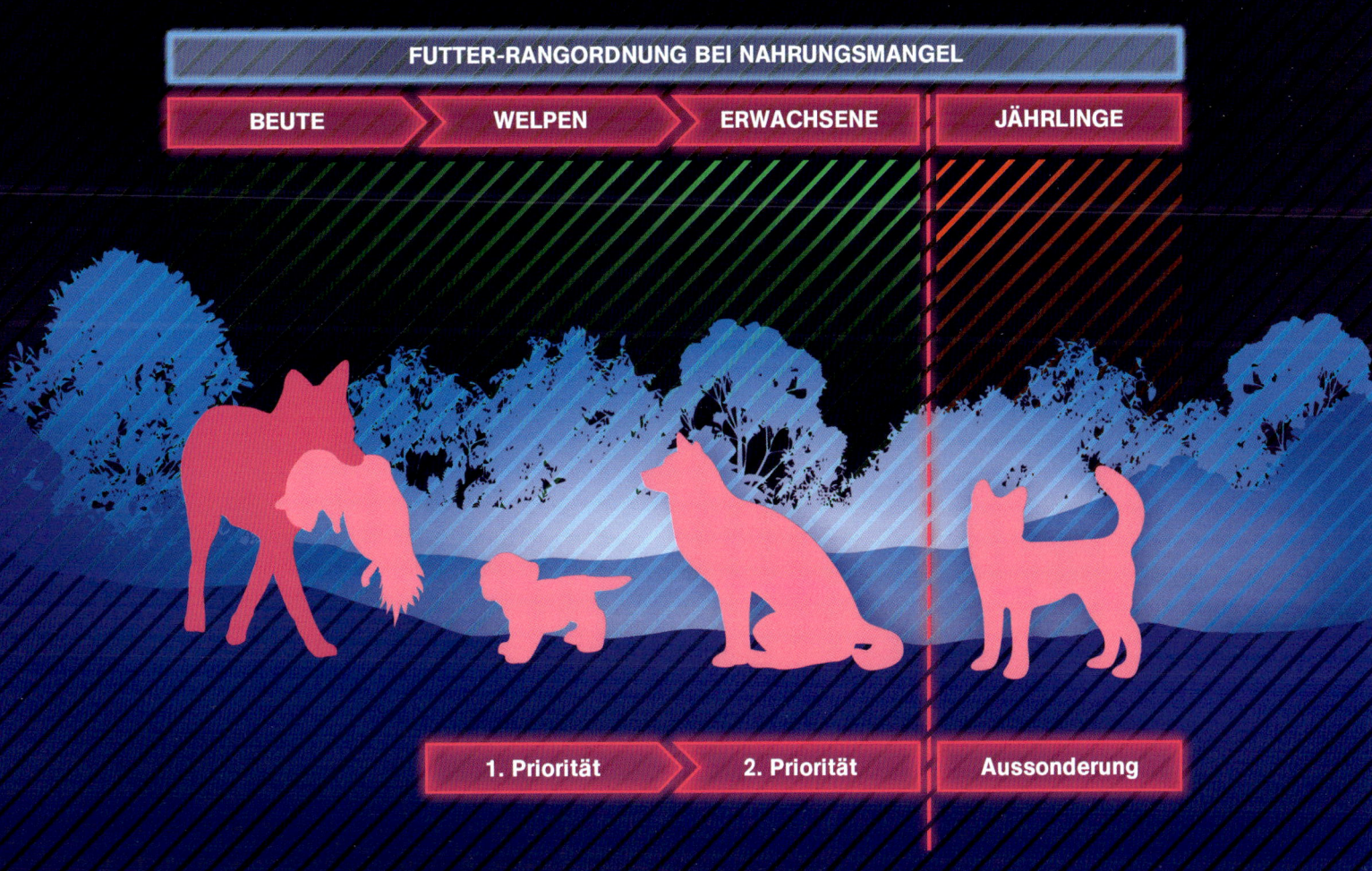

Reviere anderer Rudel durchquert. In diesem Fall muss der einsame Wanderer die „Schnauze halten". Würde er auf das Geheul der Revierbewohner antworten, würde er entdeckt. Das hätte für ihn möglicherweise unangenehme Konsequenzen.

Ein einsamer Wolf reagiert auch nicht auf das Geheul eines ebenfalls allein umherstreifenden Artgenossen; er nähert sich ihm nur. Erst wenn sich die Tiere nah genug sind und sie die Witterung aufnehmen können, entscheiden sie, wie sie reagieren: Vielleicht haben sie ja tatsächlich einen Paarungspartner gefunden – oder einfach nur einen zeitweiligen Weggefährten.

Wolfspaare, die sich gefunden haben, bleiben normalerweise ein Leben lang zusammen. Es sei denn, einer der beiden Partner stirbt oder die Fähe ist nicht mehr in der Lage, Junge zu bekommen. Ist kein neues, alleinstehendes Weibchen in der Nähe, dann kann eine Tochter den Platz der Mutter einnehmen; die „ausrangierte" Fähe bleibt aber meist im Rudel, um als Oma ihrer Tochter bei der Aufzucht der Jungen zur Seite zu stehen.

Doch was passiert, wenn zwei gleichgeschlechtliche Wölfe in ihrer natürlichen Umgebung aufeinandertreffen? Das ist bis heute ein Geheimnis. Vielleicht streiten sie, vielleicht aber auch nicht!

HOME, SWEET HOME Um eine Familie gründen zu können, braucht das Wolfspaar ein eigenes Territorium: ein Gebiet also, in dem sich die neue Familie hauptsächlich aufhalten und auf Beutezüge gehen kann. Das Paar beansprucht sein Territorium ausschließlich für sich. Seine Größe ist recht unterschiedlich und hängt von der Dichte der Beutetiere ab.

Die kleinsten Territorien besetzen die europäischen Wölfe. Ihre Reviergröße schwankt zwischen 150 und 350 qkm: ein Gebiet der Größe von 12.000 - 45.000 Fußballplätzen. Europa ist dicht besiedelt und hat wenige zusammenhängende Revierflächen für Wölfe, die Wilddichte ist aber extrem hoch. Kanadische oder nordsibirische Wölfe haben dagegen riesige Territorien von bis zu 1.500 qkm. Doch hier gibt es weniger Beutetiere pro Flächeneinheit. Deshalb muss ihr Revier größer sein. In Gebieten, in denen die Beutetiere saisonal wandern, verändern sich außerdem die Territorien der Wölfe mit den Wanderrouten der Beutetiere. So folgen einige der nordamerikanischen Wölfe Elchen und Hirschen auf ihre Sommerweiden in den Bergen, während sie im Winter mit ihnen in den Tälern leben.

ANSPRÜCHE Ein Revier muss aber nicht nur nach der Beute ausgewählt werden. Auch die Nähe von Konkurrenten spielt eine ganz wichtige Rolle. Natürlich könnte das Paar es darauf anlegen, ein bereits besetztes Territorium für sich zu beanspruchen, indem es die aktuellen Revierbesitzer angreift. Doch das wäre nur in einer absoluten Notsituation sinnvoll. Das Risiko, in einem Kampf verletzt zu werden oder gar zu sterben, wäre zu hoch. Deshalb müssen neue Territorien erschlossen oder verwaiste übernommen werden. Eine genaue Inspektion ist dazu nötig.

GEFÄHRLICHE PUFFERZONEN Ein Territorium besteht aus unterschiedlichen Zonen: Kerngebiet, Randgebiet und Pufferzone. Das Kerngebiet liegt in der Mitte des Territoriums, die Randgebiete um das Kerngebiet herum. Pufferzonen sind die Gebiete, in denen sich die Territorien zweier Rudel überlappen. Sie werden von den Wölfen meist gemieden, denn die Gefahr, dort auf das Nachbarrudel zu treffen und in eine Auseinandersetzung zu geraten, ist sehr hoch; die meisten Wölfe, die durch einen Artgenossen getötet werden, wurden in den Pufferzonen angegriffen. Weil Wölfe diese Pufferzonen meiden, sind sie jedoch ein idealer Rückzugsort für Beutetiere. Wenn die Jagd im Kerngebiet des Reviers nicht mehr ertragreich ist, müssen die Wölfe auch in die Pufferzonen. Jetzt gehen sie das Risiko ein, den Mitgliedern eines anderen Rudels zu begegnen. Die Jagd und die Beschaffung von Beute wird damit erheblich gefährlicher. Um zu überleben, muss der Wolf das Risiko eingehen. Die genaue Inspektion der Reviergrenzen zum anderen Rudel ist jetzt erforderlich.

GRENZEN SETZEN Diese Grenzen werden von jedem Rudel für andere erkenntlich abgesteckt. Dazu setzen Wölfe Marken aus Kot und Urin und machen Scharrstellen. Etwa alle 240 Meter - bevorzugt an viel genutzten Pfaden und Kreuzungen - findet man sie. Damit die Reviergrenzen auch von Weitem gut sichtbar sind, wird der Kot auf Steinen oder an erhöhten Stellen platziert. Ihren Urin setzen Rüden mit erhobenem Bein ab, aber auch die Fähen urinieren im Stehen. Allerdings ist es bei ihnen eher eine Hockstellung, bei der ein Bein nach vorne weggestreckt wird. Auf dem Höhepunkt der Läufigkeit hat der Harn des Weibchens eine rötliche Färbung. Dadurch ist er optisch von dem des Männchens zu unterscheiden und kann nicht nur gerochen, sondern auch gesehen werden. Beim Scharren reißen die Wölfe einerseits mit ihren Krallen die Erde auf, andererseits hinterlassen Duftdrüsen an den Pfotenballen den individuellen Geruch des Tieres.

Markiert wird nur vom sich fortpflanzenden Paar. Rangniedere Tiere machen das nicht – es sei denn, sie streben nach der Position der Elterntiere. In der Paarungszeit wird vermehrt markiert; vermutlich dient das Harnen in dieser Zeit nicht nur als Markierung, sondern auch um das Band zwischen den markierenden Partnern enger zu knüpfen. Ob die Violdrüse an der Schwanzwurzel des Wolfs bei der Markierung mit Duftstoffen ebenfalls eine Funktion hat und wenn ja welche, ist bis heute ungeklärt.

GRENZÜBERSCHREITUNGEN Die gesetzten Grenzmarkierungen halten nicht jeden Eindringling fern. Immer wieder werden sie missachtet, vor allem von einsamen Wölfen, die auf der Suche nach einem Partner sind. Durchwandert ein Wolf ein besetztes Revier, bedeutet das nicht zwangsläufig seine Entdeckung. Die Territorien sind so groß, dass den Revierbesitzern ein Eindringling entgehen kann. Der suchende Wolf ist ja nicht darauf aus, einen Kampf mit dem Rudel zu provozieren. Der wäre gefährlich und würde unnötige Kraft kosten.

Es gibt aber auch Wölfe auf Partnersuche, die die Territorien anderer Wölfe nicht durchwandern. Sie drücken sich eher an den Reviergrenzen herum und warten darauf, dass sich ein paarungsbereites Weibchen ebenfalls auf die Suche nach einem Partner macht.

Und dann gibt es noch die Draufgänger. Sie lassen sich tatsächlich auf eine Konfrontation mit dem Revierinhaber ein, um nicht nur ein Weibchen, sondern manchmal auch gleich das ganze Territorium mit dem dazu gehörigen Rudel zu übernehmen.

Auch das Einverleiben eines Territoriums inklusive Rudel durch ein Nachbarrudel wurde schon beobachtet. Die Wölfe eines Familienclans inspizierten nachts heimlich das Nachbarterritorium. Nach der Inspektion kehrten sie zurück in ihr eigenes Revier. Am nächsten Tag, als die Nachbarn schliefen, griffen sie diese an und überwältigten sie.

WOLFSADOPTION Bei wildlebenden Wölfen geht es meist jedoch ohne großes Blutvergießen ab. Manchmal wird ein „Neuer" sogar regelrecht zum Bleiben eingeladen. Das geschieht in der Regel aber nicht ganz ohne Hintergedanken: Ein Elternersatz wird zum Beispiel gesucht, dann muss die freie Position neu besetzt werden. Selbst wenn noch andere fortpflanzungsfähige Tiere im bestehenden Rudel sind, wird ein Außenstehender bevorzugt, denn Wölfe paaren sich nicht mit Verwandten. Für Gehegewölfe gilt das alles nicht: Da sie keine Wahl haben, paaren sich Väter mit Töchtern oder Mütter mit Söhnen. Hier greifen auch geschlechtsreif gewordene Söhne ihre Väter an, um die Position des Vermehrers zu erlangen.

HEUL DOCH! Die zur Reviermarkierung genutzten Duftmarken können nur auf kurze Distanz wahrgenommen werden. Heulen hingegen ist für Wölfe bis in Entfernungen von 16 Kilometern zu hören. So wie einsame Wölfe heulen, um weiter entfernte Paarungspartner auf sich aufmerksam zu machen, heulen vor allem Rudel, um fremde Artgenossen vor dem Eindringen in ihr Revier zu warnen. Bis heute glauben viele Menschen, dass Wölfe nur bei Vollmond heulen: Ein Irrglaube, denn Wölfe heulen auch bei Neumond, bei Sonnenschein, wenn es regnet oder schneit. Heulen hat nichts mit der Konstellation des Mondes zu tun, sondern dient der Kommunikation der Wölfe untereinander.

ATTACKE! Sollte eine Grenze trotz aller Vorkehrungen von einem Eindringling überschritten werden, bleibt immer noch die subtilste Art Besitzansprüche klar zu machen: der Angriff. In diesem Fall gibt es für den Eindringling nur zwei Möglichkeiten: Kampf oder Flucht. Wie seine Entscheidung ausfällt, ist von vielen Parametern abhängig: in welcher Situation befindet sich der Wolf, welche äußeren Umstände herrschen vor, wie alt ist der Gegner, in welcher körperlichen Verfassung befindet er sich und wie groß und stark ist er.

Reviermarkierung, Warnung, Standortanzeige oder Einladung zur Jagd? Was genau dieser Polarwolf seinen Artgenossen mitteilen will, bleibt sein Geheimnis. Bis heute ist die Sprache der Wölfe den Forschern ein Rätsel.

Vor allem kommt es aber darauf an, wie wichtig die umkämpfte Ressource für den Rivalen ist. Ist sie unwichtig, wird es keinen Kampf geben, ist sie hingegen für einen der beiden überlebenswichtig, wird ohne Rücksicht auf Verluste gekämpft. Wichtige Ressourcen können zum Beispiel Paarungspartner, Territorien oder Nahrung sein. Der Wolf entscheidet taktisch und klug.

DER RICHTIGE ZEITPUNKT Mit dem richtigen Partner an seiner Seite beginnt für jeden Wolf die Paarungszeit – nördlich des 45. Breitengrades von Januar bis März, südlich davon beginnt sie schon eher. Im Vergleich zu anderen Tierarten wie Hirschen oder Elchen, die sich erst im Frühjahr paaren, ist die Paarungszeit der Wölfe sehr früh im Jahr. Bereits im Herbst beginnt sich der Hormonhaushalt der Fähen auf die Paarung umzustellen. In dieser Zeit zeigt sich das Paar immer wieder seine Zuneigung. Die Tiere kuscheln sich beim Schlafen aneinander – ein Verhalten, das außerhalb der Paarungszeit nicht zu beobachten ist – und suchen immer wieder den Kontakt zueinander wie verliebte Teenager. Sie beschnüffeln und belecken sich gegenseitig und die Fähe fordert ihren Partner immer häufiger zu Körperkontakt auf: Sie schmiegt sich an ihn, stupst ihn mit ihrer Pfote, legt den Kopf auf seinen Rücken und präsentiert ihm ihr Hinterteil. Oft sind die Weibchen trotz dieser Avancen noch nicht bereit für die Paarung. Dann schubst sie den Rüden zur Seite oder schnappt nach ihm, sobald er sie besteigen will. Erst wenn die Hormonkonzentration wirklich hoch genug ist, stimmt sie einer Paarung zu. Versucht der Rüde jetzt aufzureiten, biegt die Fähe willig ihre Rute zur Seite und bleibt still stehen. Wölfe bleiben wie unsere Hunde nach einer Kopulation für eine gewisse Zeit körperlich miteinander verbunden, allerdings nicht so fest wie Hunde. Zwischen fünf und 36 Minuten hängen sie aneinander - es sei denn, es droht Gefahr oder andere Wölfe des Rudels stören die beiden.

SCHEINTRÄCHTIGKEIT UND AMMENTUM
In der folgenden Zeit entscheidet sich, ob es zu einer Befruchtung gekommen ist oder nicht. Wurde die Eizelle der Fähe erfolgreich befruchtet, nimmt die Trächtigkeit ihren normalen Gang: Die Zitzen schwellen an, der Bauch wird mit der Zeit dicker und das Bauchfell fällt aus. Doch selbst wenn die Eizelle nicht befruchtet wurde, zeigen die Wölfinnen, wie Hündinnen auch, Anzeichen einer Trächtigkeit: Sie verlieren ihr Bauchfell und aus ihren Zitzen tritt manchmal sogar ein wenig Milch aus. Diesen Zustand bezeichnet man als Scheinträchtigkeit. Eine scheinschwangere Fähe zeigt zudem das gleiche Verhalten wie ein tatsächlich trächtiges Weibchen: Sie sucht nach einem geeigneten Platz für eine Höhle und beginnt dort zu graben. Gibt es im Rudel bereits Welpen, helfen scheinträchtige Fähen aufopferungsvoll bei deren Aufzucht – sie übernehmen eine Art Ammenfunktion.
Über das Ammentum bei Wölfen wurde und wird viel spekuliert. Einige Forscher vermu-

Seite 52/53: Obwohl dieser junge Wolf erst fünf Monate alt ist, hat er schon das Aussehen eines erwachsenen Wolfs.

ten, dass auch die scheinträchtigen Fähen Welpen säugen können, doch bis heute gibt es dafür keine Beweise. Wenn ein solches Verhalten beobachtet wurde, waren die Ammen ebenfalls trächtig oder bereits Mütter.

GEBURTSHÖHLE Bei der Suche nach einem geeigneten Platz für eine Höhle und beim Graben wird die trächtige Fähe tatkräftig von ihrem Partner und den Nachkommen der letzten Jahre unterstützt. Doch nicht jedes Jahr wird eine neue Höhle gegraben. Manchmal werden Höhlen des Vorjahres bezogen, einige sogar über Generationen. In Kanada entdeckte man eine Wolfshöhle die bereits seit etwa 800 Jahren benutzt wird. Das schloss man aus dem Alter der um die Höhle liegenden Knochen. Wenn der Boden für die Wölfe zu hart zum Graben ist, weichen sie auf Felsvorsprünge, natürliche Felshöhlen oder Kuhlen an geschützten Orten aus. Die Höhle liegt aus Sicherheitsgründen meist in der Mitte des Territoriums. Nahe der Pufferzonen wäre es zu gefährlich.

NACHWUCHS Nach einer Tragzeit von 61 bis 64 Tagen werden die Welpen zwischen April und Mai geboren, südlich des 45. Breitengrades schon zwischen März und April. Für die Wölfe bietet eine Geburt früh im Jahr einen großen Vorteil. Wenn die Welpen feste Nahrung zu sich nehmen können, werden gerade die Kälber ihrer Beutetiere geboren. Das bedeutet für die Wolfseltern leichtes Spiel bei der Jagd und genügend Nahrung für die Welpen.

SCHNELLE ENTWICKLUNG Eine Wölfin hat acht Zitzen, ein Wurf besteht jedoch sinnvoller Weise aus nur zwei bis sechs Welpen. Bei der Geburt wiegt jedes Wolfsjunge gerade mal 450 bis 500 Gramm. Wäre der Wurf größer, würden nur die durchsetzungsfähigsten und kräftigsten Welpen überleben. So aber hat jeder kleine Wolf mehr als eine Zitze zur Auswahl und kann dadurch mit ausreichend Milch versorgt werden.

Bei der Geburt sind die Augen der Kleinen noch geschlossen, ihr Gehör ist nicht entwickelt und mit ihren Beinen können sie nur langsam über den Boden robben. Es ist kaum vorstellbar, dass die hilflosen Wesen in der vierten Lebenswoche bereits 60 Prozent aller wolfstypischen Verhaltensweisen zeigen und mit sechs Wochen sogar schon 80 Prozent. Für die Wolfswelpen ist eine schnelle Entwicklung essentiell, denn im Winter müssen sie in der Lage sein, den erwachsenen Wölfen auf ihren ausgedehnten Wanderungen zu folgen. Vor allem in Ländern, in denen die Beutetiere saisonal wandern, wie in Kanada und den USA, ist das überlebenswichtig.

NESTHOCKER MIT HINTERGEDANKEN In ihrer ersten Lebensphase sind die Welpen vollkommen auf die Versorgung und den Schutz durch die erwachsenen Tiere angewiesen: Sie sind Nesthocker. Warum das bei Wölfen so ist, weiß man nicht. Der amerikanische Wildbiologe Ronald Lawrence glaubt, dass die Welpen sich durch ihr fehlendes Gehör und die geschlossenen Augen ausschließlich auf ihren Geruchsinn verlassen und sich daher

allein auf die Nahrungssuche konzentrieren können, ohne von Geräuschen oder optischen Einflüssen abgelenkt zu werden. Die Prägung auf den familienspezifischen Duft soll durch diese Umstände intensiver werden. Nach Lawrence führt die tiefe Prägung zu der den Wölfen eigenen engen Familienbindung.

TREUSORGENDER VATER Die Wölfin verbringt die ersten drei bis vier Wochen hauptsächlich bei ihren Welpen. Nur selten verlässt sie die Kleinen, um das Rudel auf der Jagd zu begleiten. Nimmt sie nicht an der Jagd teil, bringt der Rüde ihr Teile der Beute oder würgt ihr vorverdautes Futter hervor, denn für die Milchproduktion braucht die Fähe viel Energie. Dieses fürsorgliche Verhalten eines männlichen Tieres ist in der Tierwelt selten. Normalerweise werden die Weibchen begattet und dann mit der Aufzucht der Jungen allein gelassen, während das Männchen weiter auf Brautschau geht.

VON CASANOVAS UND TREUE So machen es auch die Nachfahren der Wölfe – die Hunde. Aber sie können eigentlich nichts für ihre Treulosigkeit. Hunde sind Opportunisten. Sie begatten jede läufige Hündin, der sie begegnen – wenn der Besitzer es zulässt. Sie können sich nahezu jederzeit fortpflanzen, da ihnen immer wieder läufige Hündinnen begegnen. Hündinnen laufen an jeder Ecke herum und sie werden nicht nur einmal, wie Wölfe, sondern zweimal im Jahr läufig.

Der Wolfsrüde dagegen hat nur einen begrenzten Zeitraum für die Begattung. Die Ranz (Paarungszeit) beträgt insgesamt nur vier Wochen im Jahr und die Chance, innerhalb dieser kurzen Zeit mehreren Weibchen zu begegnen, ist vor allem durch die territoriale Lebensweise der Wölfe sehr gering.

Hunde haben bei der Weitergabe ihrer Gene einige Vorteile gegenüber ihren Stammvätern. Zum Beispiel können sie ihren Samen allerorts verteilen. Sollte ein Hundewelpe sterben, ist das für den Rüden und die Verbreitung seiner Gene unbedeutend, denn es gibt noch genügend anderen Nachwuchs, der ebenfalls seine Gene trägt. Für Wölfe hingegen bedeutet der Verlust eines Welpen viel. Der Rüde hat nur eine Chance sich mit einer Fähe zu paaren. Dadurch ist die Anzahl der Nachkommen begrenzt. Damit seine Gene in weiteren Generationen überleben, muss er alles dafür tun, seine Nachkommen durchzubringen. Das ist der Grund, warum er sich so aufopfernd um seine Familie kümmert.

KOPFWACKELN Während der Rüde für die Nahrungsbeschaffung und den Schutz der Familie zuständig ist, kümmert sich die Fähe um die Welpen. Sie liegt bei ihnen in der Höhle, wärmt und säugt sie. Durch ihre Blind- und Taubheit haben es die Welpen nicht leicht, die Zitzen der Mutter zu finden. Ein angeborener Reflex – die Suche nach Wärme – lässt sie jedoch dorthin finden. Jetzt beginnen sie, mit dem Kopf von einer Seite zur anderen zu schaukeln. Sobald ihr Mäulchen eine Zitze berührt, packen sie zu und fangen sofort an gierig zu trinken. Von Geburt an rangeln die Welpen um die besten Zitzen. Dabei zeichnet sich schon ab, wer der kräftigste Wolf mit dem größten Durchsetzungsvermögen im Wurf ist.

REINLICHE HAUSFRAU Wer trinkt, muss sich auch dessen wieder entledigen. Damit die Höhle nicht durch Kot und Urin der Welpen verunreinigt wird und sich Krankheitserreger ausbreiten, ist die Wölfin stets darauf bedacht, ihr Lager sauber zu halten. Sie regt die Kleinen durch Lecken ihres Bauches und Hinterteils zum Urinieren und Koten an. Verrichten die Welpen ihr Geschäft, frisst die Mutter die Fäkalien auf und leckt die Welpen danach sauber – solange bis sie groß genug sind, vor die Höhle zu laufen, um sich dort zu entledigen.

AUGEN AUF! Im Alter von 12 bis 14 Tagen öffnen die Welpen ihre Augen. Die Augen sind stahlblau und bekommen erst im Alter von 8 bis 16 Wochen die typisch gelb-goldene Farbe der erwachsenen Wölfe. Einhergehend mit dem Öffnen der Augen haben sich die ersten Milchzähne durchgekämpft. Mit ihnen können die Kleinen bereits vorverdauter Nahrung fressen. Jetzt werden auch die Beine immer kräftiger und die jungen Wölfe sind demnächst stark genug, um zu stehen und zu laufen. Neugierig erkunden sie das Innere ihrer Höhle. Bald schon werden sie einen vorwitzigen Blick nach draußen wagen – ungeachtet der dort lauernden Gefahren.

RETTUNGSAKTION Ab der dritten Woche sind die Welpen immer häufiger vor der Höhle. Sie spielen jetzt wild und erkunden so die nähere Umgebung. Weit kommen sie dabei nicht, denn ihre Bewegungen sind immer noch relativ unkoordiniert. Diese Zeit ist für die Mutter anstrengend, denn sie muss die Welpen ständig im Auge behalten, um sie vor Gefahren zu schützen. Die Welpen können immer noch nicht hören und nicht selbst auf verdächtige Geräusche reagieren. Eine Flucht mit den kurzen Beinchen wäre sowieso unmöglich. Sobald Gefahr in Verzug ist, nimmt die Mutter deshalb die Welpen in den Fang und trägt sie in Sicherheit. Bei solchen Rettungsaktionen hat die Fähe die alleinige Verantwortung; Rüden konnte man noch nie beim Transport der Jungtiere beobachten. Das würde die Wölfin auch gar nicht zulassen, denn bis zur dritten Woche achtet sie darauf, dass niemand ihren Welpen zu nahe kommt – auch nicht der Vater oder die anderen Rudelmitglieder.

KOPF ZU GROSS UND BEINE ZU LANG – DIE VIERTE WOCHE Die vierte Lebenswoche bringt viel Neues für die Welpen: Das erste Erwachsenenhaar sprießt um die Augen und auf der Schnauze, die jetzt immer länger wird. Aus den kurzen Beinen werden schlanke Gehwerkzeuge, die im Gegensatz zum Körper überproportional lang sind. Auch der Kopf scheint riesig. Die Ohren richten sich langsam auf und beginnen zu arbeiten: Ab der vierten Lebenswoche können die Welpen hören.

BEISSHEMMUNG Spielen ist in dieser Zeit sehr wichtig. Die Welpen stärken dadurch ihre Muskeln und die Reaktionsfähigkeit. Forscher vermuten, dass jetzt auch Taktiken gefördert werden, die später für die Jagd notwendig sind: Sie lernen, dass ein seitlicher Angriff einen Gegner eher zu Fall bringt als ein frontaler, und erfahren spielerisch, dass ihr eigenes Verhalten Konsequenzen für sie nach sich ziehen kann. Welpen können anfangs nicht einschätzen, ab wann ein Biss für ihren Spielpartner schmerzhaft ist – deshalb beißen sie ohne Hemmung zu. Erst nachdem sie die Erfahrung eines schmerzhaften Bisses selbst gemacht haben oder ein zu fest gebissener Spielkamerad das Spiel abbricht, wissen sie um die negativen Folgen und lernen ihre Bisse genauer zu dosieren: Sie erlernen die sogenannte Beißhemmung. Die Beißhemmung ist ein wichtiges Element für ein friedliches Zusammenleben in der Gruppe. Gäbe es sie nicht, würde jede kleine Auseinandersetzung im späteren Leben mit schweren Verletzungen oder gar dem Tod enden.

Oft reicht ein angedeuteter Biss über die Schnauze, um dem Gegenüber Missfallen zu demonstrieren. Zu verletzenden oder gar tödlichen Bissen kommt es dank der erlernten Beißhemmung nur in Ausnahmesituationen.

NAHRUNGSUMSTELLUNG Ab der fünften Woche werden die Welpen langsam entwöhnt, denn die Milchzähne sind jetzt voll entwickelt. Feste Nahrung wird für die Welpen ab diesem Zeitpunkt immer wichtiger. Sobald die Erwachsenen von der Jagd kommen, werden sie stürmisch begrüßt. Die Kleinen stupsen mit der Schnauze oder der Pfote die Mundwinkel der Heimkehrer an oder lecken ihnen die Schnauze. Damit lösen sie bei den Erwachsenen einen Würgereiz aus und die Welpen bekommen, was sie wollen: vorverdaute Nahrung. Je unabhängiger die Welpen von der Milch der Mutter werden, umso häufiger schließen sie sich anderen Familienmitgliedern an – meist denen, die im Verdacht stehen, jeden Ulk mitzumachen.

RENDEZVOUS-PLÄTZE Während der Entwicklungszeit der Welpen bleibt das Rudel in der Nähe einer Höhle. Das muss nicht unbedingt die Geburtshöhle sein, ab und an zieht das Rudel auch in eine andere Höhle um. Erst wenn die Welpen zwischen acht und zehn Wochen alt sind, wird das Rudellager an sogenannte Rendezvous-Plätze verlegt. Diese Plätze werden sehr sorgfältig ausgewählt. Vorwiegend sind es durch Bäume und Sträucher geschützte Wiesen in der Nähe einer Wasserquelle. Hier gibt es alles, was die Kleinen jetzt brauchen: genügend Schutz vor

Viele Bestandteile des Jagdverhaltens erlernen die Jungwölfe auf den Rendezvous-Plätzen. Auch den sogenannten Mäusesprung mit dem auch Füchse, Goldschakale oder unsere Haushunde Mäuse fangen.

Räubern, ausreichend Platz zum Spielen und viel Neues zu entdecken. Während das Rudel auf die Jagd geht, bleiben die Jungwölfe auf dem Rendezvous-Platz zurück. Um sie vor Feinden wie Pumas, Bären oder Adlern zu beschützen, bleibt immer ein Wolf als Babysitter bei den Jungspunden. Doch trotz des Aufpassers und eines sicheren Rendezvous-Platzes überlebt nur etwa die Hälfte der Welpen das erste Jahr. Nicht die Jäger sind die größten Feinde der Jungwölfe, sondern Krankheiten und Unterernährung.

Ab der 6. Lebenswoche fressen die Welpen fast ausschließlich vorverdaute Nahrung und sogar schon kleine, rohe Fleischstücke – damit beginnt aber auch der Futterneid. Mit Knurren und gefletschten Zähnen wird alles Fressbare verteidigt, nicht nur gegenüber Altersgenossen, sondern auch gegenüber älteren Geschwistern und Eltern.

LERNEN FÜR DIE ZUKUNFT Auf den Rendezvous-Plätzen lernen die Jungwölfe spielerisch viele für ihr späteres Leben wichtige Verhaltensweisen. Sie versuchen sich im Umgang mit Artgenossen und perfektionieren die verschiedenen Jagdtechniken: Sie schleichen sich an Mäuse heran, jagen fliegende Blätter und bespringen alles, was in irgendeiner Weise Beute sein könnte – auch Geschwister und Eltern.

Mit etwa drei Monaten ist es dann endlich soweit: Die Jungwölfe dürfen zum ersten Mal mit auf die Jagd. Das sind die ersten wichtigen und entscheidenden Schritte für das Erlernen von Jagdverhalten im Rudel. Noch können sie

Seite 60: Jungwölfe trainieren ihre sozialen Kompetenzen im Spiel. Seite 63: Junge Wölfe sind sehr neugierig und jede Bewegung verfolgen sie aufmerksam.

den Erwachsenen nicht über lange Strecken folgen, doch zumindest auf einem Teil des Weges begleiten sie die Jagdgesellschaft. Schwinden ihre Kräfte, laufen sie zurück zum Rendezvous-Platz. Den Weg dorthin finden sie trotz ihrer Jugend selbstständig. Die intellektuellen Fähigkeiten der Jungwölfe sind erstaunlich. Das beweist auch die folgende Geschichte: Wolfsforscher Ronald Lawrence beobachtete zwei etwa drei Monate alte Wölfe. Einer der beiden war überaus stolzer Besitzer eines Knochens, an dem er genüsslich nagte. Der andere Wolf beobachtete ihn neidvoll. Irgendwann hielt der Neidhammel es nicht länger aus und pirschte sich an den Knochenbesitzer heran mit der Absicht, ihm den Knochen streitig zu machen. Das ließ sich der Besitzer natürlich nicht gefallen und von einem unfreundlichen, bedrohlichen Knurren begleitet legte er demonstrativ eine Pfote auf seinen Besitz. Kurzzeitig zog der Störenfried ab. Doch nach ein paar Minuten versuchte er es erneut – mit dem gleichen Ergebnis. Dieses Spiel wiederholte sich einige Male, bis der Herausforderer scheinbar das Interesse an dem Knochen verlor. Er zog sich ins nächste Gebüsch zurück und gab hier eine bühnenreife Vorstellung einer Mäusejagd – die in Wirklichkeit gar nicht stattfand. Er schlich durchs Gebüsch, sprang mit allen vier Pfoten auf die vermeintliche Maus und tat so, als habe er sie erwischt. Genüsslich kaute er auf der imaginären Maus herum, dabei ließ er den Knochenbesitzer nicht eine Sekunde aus den Augen. Dieser hielt es nun seinerseits nicht mehr aus, denn die Vorstellung war täuschend echt und versprach mehr Spaß als der langweilige Knochen. Er ließ diesen liegen und stürzte sich auf den vermeintlichen Mäusefänger. Scheinbar erschrocken fuhr dieser zurück, raste aber im nächsten Moment zu dem verwaisten Knochen. Er schnappte sich das gute Stück und machte sich aus dem Staub. Der Verlierer in diesem Spiel war der ehemalige Knochenbesitzer: Jetzt hatte er weder den Knochen noch eine Maus.

JAGDUNTERRICHT Ab dem sechsten Lebensmonat sind die Jungwölfe stark genug, um die Jagdgesellschaft durchgehend zu begleiten. Sie beobachten die Altwölfe beim Anpirschen, Einkesseln und Töten. Noch sind sie den Erwachsenen keine große Hilfe bei der Jagd und vor allem nicht beim Töten, denn das Gebiss der Jungwölfe ist noch nicht vollständig ausgebildet – das wird erst mit sieben Monaten soweit sein.

NARRENFREIHEIT MIT REGELN In den ersten Lebenswochen genießen die Welpen eine Art Narrenfreiheit: Sie turnen auf Vater, Mutter, Onkel oder Tante herum, zwicken ihnen in die Ohren und die Nase und ziehen sie am Schwanz. All das nehmen die Erwachsenen mit großer Gelassenheit hin. Wird es ihnen zu bunt, maßregeln sie die Kleinen mit Stupsern, drücken sie mit der Pfote runter oder beißen ihnen über die Schnauze. Die Aufmüpfigen werden sanft, aber konsequent und bestimmt zurechtgewiesen. So lernen die jungen Wölfe, was man darf und was nicht, und dass ein Regelverstoß Konsequenzen hat.

NATÜRLICHE HIERARCHIE Die Hierarchie in einem Wolfsrudel ergibt sich aus der gegebenen Familienstruktur. Grundlage ist die Tatsache, dass Eltern mit ihren Kindern ein Rudel bilden. Die Alphatiere sind, wenn man sie unbedingt so nennen möchte, die Eltern. Sie sind die ältesten im Rudel, haben die meiste Erfahrung, sorgen für Schutz und Nahrung der Jungen und verhalten sich diesen gegenüber souverän. All das macht sie automatisch zu Leittieren, denen die unerfahrenen Jungen ganz selbstverständlich folgen. Ständige Machtdemonstrationen der Eltern gegenüber ihren Kindern sind nicht nötig, denn die Jungtiere lernen von klein auf ihre Rechte, aber auch ihre Grenzen. So wie sich die Welpen ihren Eltern unterordnen, ordnen sie sich auch älteren Geschwistern unter.

Wölfe fressen häufig gleichzeitig an einem Stück Beute. Dennoch legen sie Wert auf eine gewisse Individualdistanz und die Wahrung ihres Besitzanspruches.

RANGKÄMPFE Um den Rang wird hauptsächlich innerhalb der Altersklassen gekämpft. Es beginnt mit den Kleinsten. Sie müssen ihren Platz in ihrer Generation finden. In Kampfspielen, die von Missfallensbekundungen wie Knurren und Wuffen begleitet werden, testen die jungen Wölfe ihre Kräfte aus und lernen diese einzuschätzen. Ernste Rangkämpfe sind in einem Rudel selten.

In Gefangenschaft ist das anders: Hier ordnen sich rangniedere, jüngere Tiere nicht automatisch den älteren unter. Aufmüpfige Jungspunde setzen in Gefangenschaft manchmal alles auf eine Karte und versuchen an die Spitze der Hierarchie zu gelangen.

Doch um die Position eines Alphawolfs muss nicht zwangsläufig gekämpft werden. Es gibt einen sehr einfachen Weg, eine solche Position einzunehmen, zumindest für frei lebende Wölfe. Sobald ein Wolf aus dem eigenen Rudel abwandert, mit einem neuen Partner ein Territorium besetzt und Nach-

kommen zeugt, ist er automatisch ein Alphawolf – für Gehegewölfe ist das keine Alternative.

FUTTERRANGORDNUNG Man könnte annehmen, dass die bestehende Hierarchie, gerade innerhalb einer Altersgruppe, auch bei der Nahrungsaufnahme gilt: Zuerst fressen die Ranghöheren und dann erst die Rangniederen. Für in Gefangenschaft gehaltene Wölfe trifft das zu, doch in wildlebenden Rudeln geht es lockerer zu. In Zeiten des Überflusses fressen alle Rudelmitglieder gleichzeitig. Ist Nahrung knapp, halten Elterntiere ihre Jährlinge und Ranghöhere einer Altersklasse die Rangniederen vom Fressen ab. Sie müssen sich in harten Zeiten hinten anstellen.

BESITZANSPRÜCHE Es gibt zwar keine allgemein gültige Futterrangordnung in wildlebenden Rudeln, doch bestimmte Fressreihenfolgen werden nach David Mech vor allem unter den Elterntieren während der Aufzucht der Jungen eingehalten. In dem von Mech beobachteten Rudel lieferte das Männchen Teile des Futters bei dem säugenden Weibchen ab, würgte ihr bereits vorverdaute Nahrung vor oder brachte das Futter direkt zu den Jungen. Während dieser Zeit ließ sich der Rüde sogar Futter von seiner Partnerin wegnehmen.

Das Weibchen brachte ihren Welpen während der Aufzuchtzeit sofort die Beute, sogar noch bevor sie selbst etwas fraß oder dem Rüden etwas davon abgab. Versuche des Rüden, ihr Futter streitig zu machen, wehrte sie vehement ab. Erstaunlich ist, was Mech bezüglich der Futterrangordnung außerhalb der Aufzuchtzeit beobachtete: Jedes Mitglied des Rudels, egal welchen Alters oder Ranges, ver-

Unabhängig von der Stellung im Rudel wird die eigene Beute gegen jeden verteidigt. Dazu reicht normalerweise ein Knurren, hier scheint es jedoch um mehr als nur um ein Stück Fleisch zu gehen.

Der Eindruck täuscht: Wölfe sind friedliebende Tiere – sie vermitteln durch ihre ausgeprägte Gesichtsmimik ihrem Gegenüber schon frühzeitig, dass ihnen etwas gegen den Strich geht – bevor die Situation eskaliert.

teidigte das eigene Futter gegenüber allen anderen – auch die Paarungspartner untereinander. Knurren und Entblößen der Zähne reichte aus, um den Besitzanspruch zu klären. Keiner der Wölfe stellte diesen dann in Frage. Niemals demonstrierten die Elterntiere in einem solchen Fall ihre Macht und sie bestanden auch nicht auf die Herausgabe der Beute. In Gefangenschaft gehaltene Wölfe reagieren in solchen Situationen oft anders: Es entbrennen zum Teil heftige Kämpfe um Futter, die nicht selten mit ernsten Verletzungen enden.

KLASSISCHE ROLLENVERTEILUNG Bei den Elterntieren herrscht, zumindest während der Aufzucht der Welpen, eine Art gleichberechtigte Arbeitsteilung. Die Fähe ist Hausfrau und Mutter und kümmert sich um die Welpenaufzucht. Der Rüde übernimmt die Rolle des Beschützers und Versorgers. Dennoch scheint der Rüde in gewisser Weise dominant gegenüber der Fähe zu sein. Fähen wurden häufig dabei beobachtet, wie sie sich ihrem Rüden immer wieder in unterwürfiger Körperhaltung näherten - nicht nur, wenn sie um Futter bettelten. Rüden zeigen solche Unterwürfigkeitsbekundungen gegenüber ihrer Partnerin dagegen nur selten.

DER RÜDE GIBT DEN TON AN Während der Jagd sind Rüde und Fähe gleichberechtigt, es sei denn Jährlinge begleiten sie. Dann übernimmt der Rüde die Führung; wahrscheinlich weil die Fähe in solchen Situationen die Aufgabe hat, die jagdunerfahrenen Sprösslinge im Zaum zu halten, um den Erfolg der Jagd nicht zu gefährden. Die Aufgabe, das Territorium zu markieren, übernehmen beide in ungefähr gleichem Maße. Wer letztendlich zuerst seinen Urin an den Markierposten hinterlässt, hängt davon ab, wer zuerst dort ankommt. Das Übermarkieren über den Urin des jeweils anderen scheint tendenziell häufiger vom Rüden auszugehen als von der Fähe.

ANFÜHRER In der Verhaltensbiologie wurde die Ranghöhe eines Tieres häufig daran fest gemacht, wer auf Wanderungen die Führung übernimmt. Bei der Führung einer Gruppe geht es aber nicht um Ranghöhe, sondern um Erfahrung und Wissen. Bei Wölfen wechseln sich Rüde und Fähe auf Wanderungen ab. Außerhalb der Paarungszeit führt mehrheitlich der Rüde das Rudel; in der Paarungszeit allerdings ist es umgekehrt: Dann folgt der Rüde in der Regel der Fähe. Vielleicht kennt sie den Weg zu einer geeigneten Wurfhöhle besser! Wer also den Weg kennt, läuft vorne. So kann auch ein anderes Mitglied des Rudels, das bei einem Streifzug einen Kadaver entdeckt hat, die ganze Gruppe zu dieser Stelle anführen. In diesem Fall wird es durch sein Wissen zum Anführer. Auch Jungspunde dürfen ab und an vorne laufen und somit die Führung übernehmen. Das gibt ihnen Selbstvertrauen und sie lernen für ihr späteres Leben. Wird es für den Jungwolf knifflig, zum Beispiel an Kreuzungen und Weggabelungen, lösen seine Eltern ihn ab.

Ein Wolfsrudel funktioniert äußerst klug. Es wird durch souveräne Anführer geleitet, die auch mal alle fünfe gerade sein lassen können, denn sie sind sich ihrer Position gewiss. Bei Wölfen zählt nicht die starre Hierarchie, sondern Erfahrung und Qualitäten des einzelnen dürfen und sollen in die Gemeinschaft eingebracht werden. In einem Rudel in Gefangenschaft ist dieses entspannte und sinnvolle Verhalten nur selten zu beobachten.

GESCHLECHTSINTERNE HIERARCHIE Abgesehen von der Hierarchie, die das ganze Rudel umfasst, scheint es auch Hierarchien im „Kleinen" zu geben, nämlich innerhalb der

Geschlechter. Vor allem bei in Gefangenschaft lebenden Wölfen oder in großen Rudeln mit mehreren Familien wurde das beobachtet. Die dominanten, ranghöheren Fähen versuchten mit allen Mitteln eine Verpaarung der rangniederen Weibchen zu verhindern, um dem Konkurrenzdruck um Nahrung für die Welpen vorzubeugen. In Rudeln, die im Familienverband leben, ist eine solche Hierarchie nicht nötig, denn es gibt nur ein geschlechtsreifes Paar: die Elterntiere. Allerdings gibt es ab und an auch Rudel, in denen zwei Wölfinnen ihren jeweiligen Nachwuchs gleichzeitig großziehen ohne sichtliche Konkurrenz. Wie und warum es dazu kommt, ist unklar. Eines von vielen Phänomenen, das uns zeigt, wie wenig wir über Wölfe wissen.

INZUCHT Unter natürlichen Bedingungen versuchen Wölfe Inzucht, also die Verpaarung mit einem Verwandten, zu vermeiden. Nur wenn die Bedingungen es nicht anders zulassen, zum Beispiel wenn Wölfe auf Inseln leben oder wenn der Mensch eine Population zu sehr ausgedünnt hat, paaren sie sich mit Blutsverwandten. Durch diese Inzucht entstehen Fehlbildungen, die die Lebensfähigkeit der Tiere einschränken und die Population gefährden.

Inzuchtvermeidung ist nur möglich, weil Wölfe in der Lage sind, ihr Gegenüber zu erkennen und einzuordnen, als Verwandte oder nicht Verwandte, als Artgenosse oder Beutetier. Wölfe beherrschen aber auch die Kunst der Manipulation, der Täuschung und der Taktik. Vor allem sind sie in der Lage, die jeweiligen Absichten des anderen vorherzusagen. Man nennt das soziale Intelligenz oder Kognition. Nur durch sie können Wölfe miteinander kommunizieren. Wer sein Gegenüber dagegen nicht erkennt und einzuordnen weiß, ist nicht fähig, sich mit ihm zu verständigen.

KOMMUNIKATION Die Verständigung der Wölfe untereinander und mit artfremden Tieren, ihre Kommunikation also, ist durch die Übertragung von Informationen mittels Signalen möglich. Der Wolf, der Signale sendet, versucht damit das Verhalten des Empfängers zu beeinflussen und zu seinen eigenen Gunsten zu verändern. Die wichtigste Aufgabe der Kommunikation von Wölfen ist die Manipulation des Gegenübers, damit dieser ein bestimmtes Verhalten zeigt oder unterlässt – darin sind Wölfe Meister. Das ist auch die Grundvoraussetzung für ein friedliches Zusammenleben im Rudel.

RIECHEN KLÄRT AUF Wölfe kommunizieren überwiegend über ihren Geruchsinn. Sie riechen 100 Mal besser als ein Mensch und ihre Nase verrät ihnen Details über ihre Umgebung und ihr Gegenüber, die uns Menschen verborgen bleiben.

Begegnen sich zwei Wölfe, beschnuppern sie sich vor allem an der Anal- und Genitalregion, so wie wir es von Hunden kennen. Welche Informationen sie dadurch im Detail erhalten, ist unklar. Bei diesen Begrüßungsritualen beschnuppert der ranghöhere Wolf den rangniederen sehr viel intensiver als umgekehrt. Der rangniedere Wolf verharrt während dieser Geruchskontrolle mit eingezogenem Schwanz und gesenktem Hinterteil. In solchen Situationen werden Informationen quasi über zwei Wege übermittelt: Zum einen gibt der Geruch Aufschluss über das Gegenüber, zum anderen zeigt der oder die Beschnupperte durch seine Körperhaltung, dass er den höheren Rang des Schnuppernden akzeptiert. Das Zusammenspiel aller Sinne gibt dem Wolf lebenswichtige Informationen. Nur so können diese Tiere mit ihren Artgenossen in der Wildnis überleben.

WOLFSLAUTE Wölfe nutzen zur Informationsübermittlung ebenso ihre Stimme, wie wir das tun. Die meisten Laute, die Wölfe von sich geben, kennen wir von unseren Hunden: Sie knurren, winseln und fiepen. Bellen hingegen, wie unsere Hunde es mit Vorliebe tun, hört man Wölfe nur sehr selten und wenn, dann ist es eher ein Wuffen. Wuffen ist ein Warnlaut und ertönt, wenn sich ein potenzieller Feind zum Beispiel der Wurfhöhle nähert. Die Welpen wissen, sie müssen sich nun verstecken. Wenn die Höhle für die Welpen nicht zu weit entfernt ist, flüchten sie dorthin. Ist sie unerreichbar, legen sie sich regungslos hin und verharren dort, so wie man es von Rehkitzen oder Hasen kennt.

Warn- und Drohlaute klingen bei Wölfen tiefer und dunkler als Laute der Freude oder Erregung. Um die Frequenzen voneinander unterscheiden zu können und Töne noch in großen Entfernungen wahrzunehmen, brauchen Wölfe ein entsprechendes Gehör. Die Ohren der Wölfe helfen den Tieren, Geräusche sicher einzufangen. Sie sind wie gemacht für einen guten Empfang: Sie stehen nach oben, sind weit geöffnet und sehr beweglich, so dass sie Geräuschen in jede Richtung folgen können.

MIMIK UND GESTIK Unter den Begriff der optischen Signale fallen alle Möglichkeiten des Wolfs, Informationen visuell zu übermitteln. Dazu gehören zum Beispiel die Scharrstellen an Reviergrenzen, aber vor allem die Körperhaltung oder die Gesichtsmimik.

Durch ihre Gesichtsmimik können Wölfe sehr unterschiedliche Gemütszustände und Bedürfnisse ausdrücken. Dabei ist ein fein abgestuftes Zusammenspiel aller Gesichtspartien zu beobachten. Konrad Lorenz beschrieb die einzelnen Bewegungen der Gesichtsmuskulatur für Hunde, die wir hier auf den Wolf übertragen wollen – trotz der Tatsache, dass Hunde in ihrer Mimik gegenüber dem Wolf weit weniger präzise sind. Lorenz betrachtete den gesamten Gesichtsausdruck des Tieres: die Stellung der Ohren, die Position der Lefzen sowie die Stirn. Ein entspannter Hund, der weder Wut noch Angst empfindet, hat demnach aufrecht nach vorne gerichtete Ohren, lockere Mundwinkel und eine glatte Stirn.

Je ängstlicher ein Hund ist, desto mehr legt er seine Ohren an und zieht die Mundwinkel nach hinten unten. Er fletscht die Zähne, Stirn und Nase kräuseln sich.

Ein souveräner, kampfbereiter Hund hingegen hält die Ohren nach vorne gerichtet. Auch bei

Seite 70/71: Während die Gesichtsmimik der Wölfe sehr ausgeprägt und fein abgestimmt ist, kann man beim Pudel die Falten auf der Nase nur noch erahnen.

Aggression? Fehlanzeige! Die flapsig zur Seite geneigten Ohren und die trotz des aufgerissenen Maules versteckten Zähne zeigen die friedliche Absicht des stehenden Wolfs.

ihm sind Stirn und Nase gekräuselt und die Zähne gefletscht, doch seine Mundwinkel sind nicht nach hinten unten gezogen, sondern bleiben vorne – solch feine Nuancen machen den Unterschied.

Zähne fletschen ist eines der offensichtlichsten Signale in der Wolfskommunikation. Es ist eine fantastische Möglichkeit, einem sich nähernden Artgenossen unmissverständlich zu zeigen, dass weitere Annäherung unerwünscht ist: Potenzielle Waffen werden vorsorglich gezeigt, um den Störenfried zu beeindrucken und zu warnen – ein klares Drohsignal.

Optische Signale gibt es viele. Ein weiteres sehr interessantes ist das Aufstellen der Nackenhaare. Durch das aufgestellte Fell erscheint der Wolf größer, als er tatsächlich ist. Er täuscht seinen Gegner über seine tatsächliche Größe, um ihm Respekt einzuflößen.

HUNDESCHICKSAL In der Art, wie Wölfe kommunizieren, sind sie unseren Hunden meilenweit voraus. Wölfe sind sehr viel klarer und deutlicher in ihren Aussagen. Das liegt vor allem daran, dass der Mensch den Hund nach seinen Vorstellungen durch Zucht verändert hat. Ein Pudel kann durch seine Locken sein Nackenhaar nicht mehr aufstellen, um größer zu erscheinen. Der Rhodesian Ridgeback hingegen läuft mit dauerhaft aufgestellten Nacken- und Rückenhaaren umher, denn der Mensch hat ihm einen Streifen auf den Rücken gezüchtet, bei dem das Fell entgegen der normalen Richtung wächst. Durch die Eitelkeiten des Menschen wird Hunden die Möglichkeit genommen, ihre Bedürfnisse anderen zu übermitteln und ein Aussehen aufoktroyiert, das sie in Schwierigkeiten bringen kann. Klare Aussagen sind bei so viel „Styling" nicht mehr drin. Da kann es schon zu Missverständnissen beim Gegenüber kommen. Bei den Wölfen sind dagegen die Aussagen eindeutig.

IMPONIEREN, DROHEN, ANGREIFEN Zwei rivalisierende Wölfe werden steif in ihren Bewegungen, sobald sie sich begegnen. Sie sträuben ihr Nackenfell und richten ihre Rute auf; so stehen sie sich gegenüber. Während sie versuchen, den anderen einzuschätzen, starren sie sich gegenseitig in die Augen. Fühlen sich beide ebenbürtig, wird keiner nachgeben und es kommt unweigerlich zum Kampf. Ist der entschieden, muss der Verlierer das Feld räumen. Passiert so etwas innerhalb eines Rudels, muss der Unterlegene dafür sorgen, dass er trotz der Provokation im Rudel bleiben kann. Ausschluss aus der Gemeinschaft ist für den sozialen Wolf nicht erstrebenswert und kann ihn in große Schwierigkeiten bringen. Die erste Maßnahme, die der Unterlegene jetzt ergreift, ist das Abwenden des Blickes. Danach können weitere unterwürfige Verhaltensweisen folgen, wie beispielsweise das Aufsetzen eines „Grinsens", indem die Mundwinkel nach hinten gezogen werden, der Unterlegene kann seinen Körper entspannen oder sich sogar klein machen. Dadurch beschwichtigt er und erkennt damit die überlegene Position des Gegners an.

WAFFEN VERSTECKEN Um ihre Untergebenheit zu signalisieren, kombinieren Wölfe eine Vielzahl von Signalen miteinander. So sieht eine Begrüßung zwischen Eltern und Jungtieren folgendermaßen aus: Mit eingeknickten Hinterläufen, herunterhängendem oder gar zwischen den Beinen eingeklemmtem Schwanz, der nur an der Spitze aufgeregt hin und her wackelt, nähert sich das Jungtier dem Erwachsenen. Der Kopf ist meist tief gehalten, der Blick abgewandt und die Ohren nach hinten gelegt. Die Maulwinkel sind nach hinten gezogen und es scheint, als würde der Jungspund lächeln. Hat das Jungtier den Erwachsenen erreicht, versucht es dessen Schnauze zu belecken; dieses Verhalten nennt man aktive Unterwerfung.

Setzt das erwachsene Tier dazu an, den Sprössling eingehender zu beschnüffeln, rollt der sich auf den Rücken und verharrt in dieser Position – die passive Unterwerfung. In dieser Haltung bleibt er solange, bis die Untersuchung abgeschlossen ist und der erwachsene Wolf sich abwendet. Erst dann springt das Jungtier wieder auf – ein Zeichen für Respekt. Diese Verhaltensweisen gehören zu den so genannten Beschwichtigungssignalen. Sie haben die Aufgabe, eine potenzielle Konfliktsituation zu entschärfen, und mildern oder unterdrücken sogar aggressive Verhaltensweisen des Artgenossen. Bereits Darwin beschäftigte sich mit diesen Signalen. Für ihn war klar: Beschwichtigungssignale sind das Gegenteil von Drohsignalen. Bei Drohsignalen werden potenzielle Waffen gezeigt (z.B. gefletschte Zähne), bei Beschwichtigungssignalen hingegen versteckt. Beschwichtigend wirkt auch das „Kleinmachen", denn der beschwichtigende Wolf versteckt seine wahre Größe und signalisiert, dass er nicht die Absicht hat, in irgendeiner Weise aggressiv zu reagieren.

VON WELPEN ÜBERNOMMEN Alle diese Beschwichtigungssignale und Unterwerfungen entstammen dem Verhaltensrepertoire von Welpen. Sie stupsen und lecken die Schnauze von Erwachsenen, damit diese ihnen Futter hervorwürgen, und sie rollen sich auf den Rücken, wenn die Mutter ihnen den Bauch und die Genitalzone leckt, um sie zum Urinieren anzuregen.

Hunde sind in ihrer Entwicklung stehen geblieben. Man kann sogar beobachten, dass sie sich, sobald ihr Besitzer nach Hause kommt, auf den Rücken rollen und dabei urinieren. Diese Verhaltensweisen würden von jedem Hund und jedem Wolf sofort verstanden werden. Vom Menschen allerdings nicht. Der interpretiert dieses Verhalten als Neurose und geht mit ihm zum Tierpsychologen.

KÖRPERLICHKEITEN Neben Beschwichtigungssignalen als Informationsträger gibt es auch körperliche Berührungen in einem Wolfsrudel, die Informationen weitergeben: Hauptsächlich sind das der Fell- und der Schnauzenkontakt. Die Tiere zeigen sich damit ihre Zuneigung und festigen ihre Zugehörigkeit zum Rudel. Für Welpen hat der Körperkontakt eine ganz besonders wichtige Signalfunktion; er vermittelt ihnen Schutz und Geborgenheit.

Schnauzenzärtlichkeiten sind nur eine Form des Ausdrucks, mit dem Wölfe ihre Bindung zueinander festigen, sich ihre Zugehörigkeit zeigen und Stress innerhalb des Rudels reduzieren.

KLEINE GESTEN, GROSSE WIRKUNG Bei Untersuchungen, die die Wirkung des Streichelns und Berührens zwischen Mensch und Hund klären sollten, kam man zu erstaunlichen – der Wirkung von Berührungen unter Wölfen ganz ähnlichen – Ergebnissen: Der gegenseitige Kontakt reduziert Stresssymptome und die Herzinfarktwahrscheinlichkeit beim Menschen. Man geht davon aus, dass auch unter den Alttieren in einem Wolfsrudel Berührungen dazu dienen, Ruhe und Geborgenheit zu vermitteln und Stress abzubauen. Berührungen haben aber auch in aggressiven Auseinandersetzungen die Rolle, Informationen weiterzugeben. So können Wölfe ihre Gegner und deren körperlichen Zustand durch ihre Kampftechnik und die Kraft ihres Bisses einschätzen.

WEDELN Nur das Zusammenspiel der einzelnen Körperteile, die Gesichtsmimik und die Umstände, in denen ein Verhalten gezeigt wird, lässt Rückschlüsse über die Absicht eines Verhaltens zu. Ein wedelnder Schwanz bedeutet nicht automatisch große Freude und ist kein Zeichen für Friedfertigkeit. Ein Jagdhund, der schwanzwedelnd vor einem Mauseloch steht, bringt damit nicht zum Ausdruck, dass er sich wie verrückt über die Maus freut und ihr wohl gesonnen ist. Eher ist es in diesem Fall die Erregung über eine Maus, die man jagen und fressen kann. Mit Freundlichkeit hat das wenig zu tun. So ist es auch beim Wolf. Denn ein Jungwolf, der einem Erwachsenen mit eingezogenem Schwanz begegnet, der nur an der Spitze aufgeregt hin und her wackelt, bringt damit seine Unterwürfigkeit zum Ausdruck und nicht nur reine Freude.

Wölfe haben sehr differenzierte Kommunikationstechniken, zeigen sehr viele unterschiedliche Verhaltensweisen, Körperhaltungen, Gesichtsmimiken und geben die unterschiedlichsten Laute in den verschiedensten Situationen von sich, über deren Aussage wir bis heute nicht alles wissen. Doch eins ist sicher: Wölfe sind Künstler im Überleben, in ihrer Kommunikation und in ihrem Sozialverhalten.

Wie die Schnauzenzärtlichkeiten festigt auch der Fellkontakt die Beziehung einzelner Wölfe untereinander. Das Kopfauflegen hat in diesem Fall nichts mit einer Dominanzgeste zu tun.

3
RAUBTIER
WOLF

FLEXIBILITÄT Die Vororte Roms oder spanische Getreidefelder sind dem Wolf als Lebensraum genauso wenig fremd wie weite Tundren, Wald oder Wüsten – Hauptsache er findet dort genügend Nahrung und der Mensch gewährt ihm ausreichend Platz und Ruhe. Und so flexibel wie bei der Wahl seiner Lebensräume ist er auch mit seiner Ernährung. Je nach Lebensraum und Verfügbarkeit frisst der Wolf Wildtiere wie Elche, Hirsche, Antilopen und Wildschweine oder Haustiere, darunter Schafe, Ziegen oder Hunde und gegebenenfalls Abfall. Besonders kranke, verletzte oder unerfahrene, junge Wölfe vergreifen sich am Besitz des Menschen – und das macht sie nicht unbedingt beliebt.

ALLESFRESSER UND HUNGERKÜNSTLER
Der Wolf ist ein Allesfresser, der auch ohne zu töten überleben kann – wenn er denn muss. So haben sich einige Wölfe, zum Beispiel in Rumänien, aber auch im dicht besiedelten Spanien darauf spezialisiert, vom Müll des Menschen zu leben. Die großen Mülldeponien oder die Tonnen vor den Haustüren bieten den Tieren ihnen täglich verfügbare, abwechslungsreiche Kost: Fisch, Obst und Aas gehören ebenso dazu wie Brot, Käse und andere Haushaltsabfälle.
In freier Wildbahn ist der Tisch nicht jeden Tag so reich gedeckt – dann müssen die Wölfe hungern, manchmal sogar wochenlang. Doch Wölfe sind darauf ausgerichtet, ein Dasein zwischen Festmahlen und Hungersnöten zu fristen.

GEFÄHRDETE HAUSTIERE Haustiere gehören in der Regel nicht zu den bevorzugten Beutetieren des Wolfs. Dennoch werden immer wieder Rentiere, Schafe, Ziegen oder Hunde von Wölfen getötet. In Schweden und Sibirien beispielsweise jagen Wölfe im Winter ausschließlich Elche und wilde Rentiere – die winterlichen Bedingungen kommen ihnen dabei zugute. Im Sommer hingegen richten sie ihre Aufmerksamkeit auf Rentiere, die auf Sommerweiden gehalten werden. Elche sind zu dieser Zeit schwer zu bekommen, die Kälber der Weiderentiere leicht. Warum sollte man sie dann nicht mitnehmen?

BEUTETIERE IN EURASIEN Die wichtigsten wild lebenden Beutetierarten in Eurasien sind Elche, Rotwild, Rehe und Wildschweine. Je nach Region kommen Rentiere, Antilopen, Steinböcke, Muffelwild, Gämsen, Bergziegen, Damwild und Moschusochsen dazu. In Indien und China gibt es nur noch wenige Gebiete, in denen es jagdbare Beute für den Wolf gibt – wo sie noch vorkommen, jagt der Wolf Hirschziegenantilopen. In den übrigen Regionen leben die meisten Wölfe ausschließlich als Plünderer von Mülldeponien.
Die Jagd auf wehrhafte Beute wie einen Elch ist für den Wolf nicht ungefährlich. Die großen Tiere bieten zwar viel Fleisch, doch sie werden nur dort getötet, wo kleinere Beutetiere nicht vorkommen oder schwer zu erlegen sind. Einige Wolfsrudel haben sich trotzdem auf die Jagd auf Elche und Rotwild spezialisiert – warum sie das hohe Risiko eingehen, weiß man nicht. Generell scheinen

Seite 80 bis 83: Eine Auswahl aus dem Beuteschema der Wölfe: Karibu, Weißwedelhirsch, Tarpan und Schneeziege.

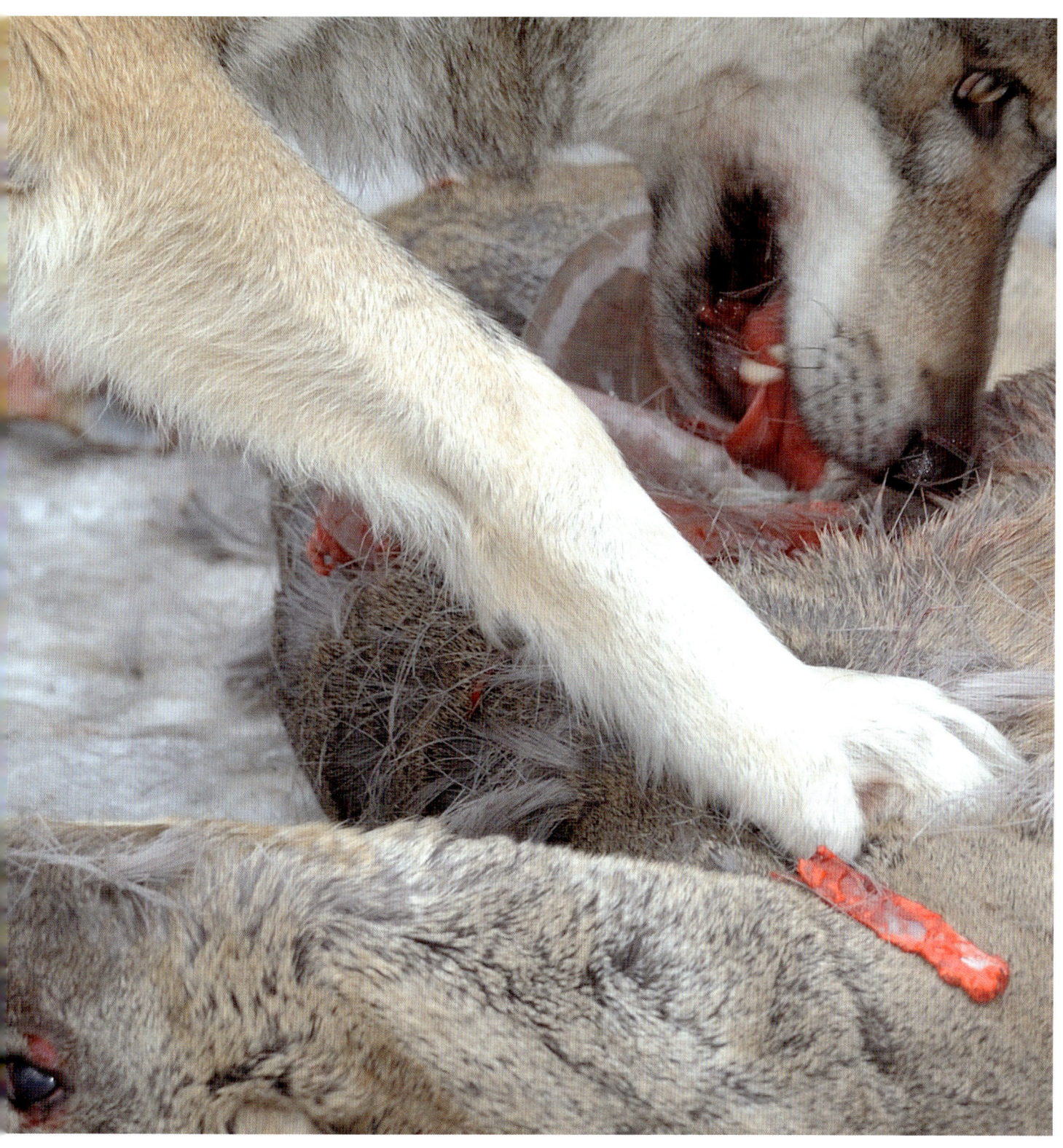

Ganz oben auf dem Speiseplan der Wölfe steht ohne Zweifel Fleisch, obwohl sie auch längere Zeit ohne auskommen können.

Wölfe ihre Beute sehr genau auszusuchen und Vorteile gegen Nachteile bei der Jagd abzuwägen. Dabei sind Vorkommen, Größe und Verwundbarkeit der Tiere wichtige Entscheidungskriterien.

BEUTETIERE IN NORDAMERIKA UND KANADA
Im größten Teil ihres Verbreitungsgebietes, in Nordamerika ernähren sich die Wölfe fast ausschließlich von Wildtieren. Sie jagen und töten Moschusochsen, Elche, Bisons, Schwarzwedelhirsche und Biber. Der Biber wird vor allem auf der Isle Royale in Kanada gejagt. Die Wölfe konzentrieren ihre Wanderungen entlang der von den Bibern angelegten Entwässerungskanäle. Nur wenn der Biber den Kanal überquert, kommt er aus dem Wasser – die Gelegenheit für den Wolf zuzupacken. Bislang wurde zwar noch nie ein Wolf beim Verzehr eines Bibers beobachtet. Untersuchungen von Wolfskot brachten jedoch eindeutige Hinweise. Nur in wenigen isolierten Regionen Nordamerikas stehen auch Haustiere und Müll auf dem Speiseplan der Wölfe.

IMMER WIEDER ANDERE BEUTE Auf welche Beutetierart sich Wölfe letztendlich konzentrieren, schwankt von Jahr zu Jahr und sogar innerhalb der Jahreszeiten. Vor allem die Wölfe der nördlichen Breiten haben mit großen saisonalen Änderungen des Klimas, der Schneeverhältnisse und Bodenbeschaffenheit zu kämpfen. Diesen Nachteil gleichen sie durch ihre große Flexibilität in Bezug auf die Beutetiere aus. Auf Ellesmere Island in Kanada ernähren sich die Wölfe im kurzen arktischen Sommer von jungen Hasen. Im Winter konzentrieren sie sich eher auf die Jagd von Moschusochsen.

Die Biber auf der Isle Royale werden nur im Sommer gejagt, denn im Winter sind die Gewässer zugefroren und die Wölfe wären bei einer Jagd chancenlos. In Britisch Kolumbien fressen Wölfe im Herbst sogar Lachse. Die schwimmen zum Ablaichen die Flüsse hinauf und sind dabei eine leichte Beute für die Wölfe. Sie erfüllen alle Kriterien, um sogar als bevorzugte Beute der Wölfe zu gelten: Sie sind leicht und ohne großes Risiko zu fangen. Ihre geringe Größe machen sie durch den überdurchschnittlichen Nährstoffgehalt, die hohen Energiewerte und ihre große Anzahl wett. Eine Art kann sich jedoch nicht allein durch vielfaches Vorkommen als Hauptbeute für Wölfe qualifizieren. Das zeigen Beobachtungen aus dem Denali National Park in Alaska. Während der Beobachtungszeit lebten etwa doppelt so viele Karibus im Park wie Elche. Dennoch töteten die Wölfe in etwa gleich viele Tiere beider Arten. Das zeigt, dass immer mehrere Faktoren bei der Entscheidung für ein bevorzugtes Beutetier eine Rolle spielen.

DIE SUCHE NACH GEEIGNETEN OPFERN

Flexibilität und Opportunismus zeichnen das Futtersuchverhalten der Wölfe aus. Sie können sich sowohl von einem 1.000 Kilogramm schweren Bison ernähren als auch von einem ein Kilogramm schweren Hasen. Gejagt werden aber bevorzugt folgende Tiere:

- junge und unerfahrene
- durch Verletzungen, Knochen- und Knorpelschäden oder Arthritis eingeschränkte
- Tiere, die missgebildet sind oder zum Beispiel Sehstörungen oder Unterkieferverkürzungen haben
- durch Alter oder Mangelernährung geschwächte
- solche die durch besondere Witterungsverhältnisse wie tiefen Schnee oder Eis in ihrer Flucht eingeschränkt sind.

Wölfe sind scheu und sie im dichten Geäst des Waldes zu entdecken, ist schwierig. Selbst in Gebieten, in denen viele Wölfe leben, bekommen deshalb nur wenige Menschen Isegrim zu Gesicht.

Dadurch erhöht der Wolf seinen Jagderfolg und somit seine Überlebenschancen. Die sind, gemessen an der seiner Beutetiere, sehr hoch, denn der Wolf hat keine natürlichen Feinde und steht somit am oberen Ende der Nahrungskette. Seine Fähigkeiten, Beute aufzuspüren, sie zu jagen und zu töten, sind einmalig. Er ist physisch, mental und durch sein Verhalten optimal ausgerüstet, Beute zuverlässig zu schlagen. Er kann weite Strecken wandern und seine gut ausgeprägten Sinne helfen ihm beim Aufspüren seiner Beute. Seine Aggressivität, seine Geschwindigkeit, seine Ausdauer und seine Intelligenz kommen ihm als Beutegreifer zusätzlich zugute. Wölfe können sich außerdem sehr schnell auf Umweltveränderungen einstellen. Wandert beispielsweise die bevorzugte Beutetierart aus einem Gebiet ab, schwenkt der Wolf auf die verbleibenden Arten um.

KÖRPERLICHE ANPASSUNGEN Dass der Wolf nicht auf eine bestimmte Beute festgelegt ist, sieht man vor allem an seinem Gebiss und seinem Verdauungssystem. Beides ist in seiner jetzigen Form das Ergebnis fortwährender Anpassung an den Lebensraum. Der Wolf hat 42 Zähne, wobei der Unterkiefer zwei hintere Backenzähne mehr besitzt als der Oberkiefer. Die Zähne sind auf eine Diät ausgelegt, die alle Teile des Beutetieres und sogar pflanzliche Kost beinhaltet. Es sind Allrounder-Zähne und nicht wie zum Beispiel bei den Hyänen stark spezialisierte. Da die Hyänen hauptsächlich vom Knochenmark ihrer Beute leben, sind Kiefer, Kaumuskeln und vordere Backenzähne, mit denen sie Knochen aufbrechen können, extrem kräftig. Der Wolf beißt mit den vorderen Backenzähnen dagegen zähe Teile der Beute ab. Die Eck- und Schneidezähne der Wölfe dienen als Werkzeuge, um das Opfer zu bändigen. Mit den Eckzähnen sticht der Wolf förmlich in das Fleisch seiner Beute; gleichzeitig wird das Tier dadurch gehalten. Die Schneidezähne wirken dabei unterstützend, können jedoch auch unabhängig von den Eckzähnen eingesetzt werden. Mit ihnen häutet der Wolf sein Opfer, schält die letzten Reste Fleisch von den Knochen oder pflückt – ganz harmlos – Beeren und Früchte von Sträuchern. Während des Kampfes mit dem Beutetier müssen sowohl die Eck-, als auch die Schneidezähne Unglaubliches leisten. Das ganze Gewicht des Wolfs plus die Kraft, die durch die Bewegung des Beutetieres und des Wolfs erzeugt wird, muss von diesen Zähnen und ihrer Verankerung in Kiefer und Schädel gehalten werden. Verbeißt sich ein Wolf in sein Opfer, so kann dieses den Angreifer in der Luft hin und her schleudern. Das ist nicht ungefährlich für ihn. Oft wird er dabei mitgeschleift oder sogar gegen Baumstämme geschleudert – denn Loslassen kommt für ihn nicht in Frage. Das Schleudern gegen Bäume könnte eine Erklärung für die hohe Anzahl an Rippenbrüchen sein, die man bei älteren Wölfen feststellt.

QUANTITÄT STATT QUALITÄT Hetzt ein Rudel ein ausgewähltes Opfer, traktieren die Wölfe es immer wieder mit Bissen. Diese sind nicht gezielt gerichtet, sondern werden über

den Körper verteilt, hauptsächlich jedoch an den Flanken, der Nase und dem Hinterteil des Tieres. Mit einem Druck von ungefähr 60 Kilogramm bohren sich die Zähne des Wolfs tief in das Fleisch des Opfers. Durch diese tiefen Fleischwunden verliert das angegriffene Tier in kurzer Zeit viel Blut. So geschwächt können es die Wölfe leichter überwältigen. Wölfen fehlt die Fähigkeit der Katzen, ihre Beute mit langen, scharfen ein- und ausfahrbaren Krallen festzuhalten. Die Krallen der Wölfe sind nicht einziehbar und daher von den langen Wanderungen stumpf und abgewetzt – ungeeignet zum Fixieren eines Tieres. Die fehlende Fixierung ist der Grund für das opportunistische Beißverhalten der Wölfe. Ein gezielt gesetzter Biss folgt erst, wenn das Tier am Boden liegt: der Drosselbiss, in die Kehle des Opfers. Beim Zerlegen des Tieres kommen die scharfkantigen Reißzähne des Wolfs zum Einsatz. Mit ihnen kann er große Stücke aus der Beute schneiden. Die scharfen Kanten der Zähne funktionieren beim Schließen des Mauls wie eine Schere und die breite Kaufläche, die mit Höckern versehen ist, eignet sich ideal, um das Fleisch fest zu halten. Stumpf werden die Zähne nie, denn beim Auf- und Zuklappen des Kiefers schärfen sie sich automatisch selbst nach.

CHANCEN AUSLOTEN Zu einer erfolgreichen Jagd gehört jedoch noch mehr als Waffen. Der Wolf muss schnell, ausdauernd, mutig, aber vor allem auch vorsichtig sein, damit seine Beute ihn nicht verletzt. Nur durch die richtige Mischung aus Mut und Vorsicht wird er ein erfolgreicher Jäger. Bei der Einschätzung der Situation und der richtigen Dosierung der beiden Komponenten helfen dem Wolf Erfahrungen aus vorangegangenen Jagden. Durch sie versucht er seine Chancen auf Erfolg sogar schon vor Beginn der Jagd einzuschätzen. Und doch werden immer wieder Jagdversuche bereits nach kurzer Verfolgung abgebrochen. Es scheint, als habe der Wolf ein Kontrollsystem, das auch während eines Angriffs die Erfolgschancen immer wieder aufs Neue prüft. Hat sich ein Rudel Wölfe entschieden, einen Angriff bis zum Ende durchzuführen, arbeitet es sehr konzentriert seinem Ziel entgegen und lässt sich nicht davon abbringen. Vor allem der Angriff auf Bisonherden ist ein Beweis seiner perfekten Jagdstrategien: Inmitten einer rennenden Herde, trotz der gefährlichen Hufe und Hörner um sie herum, attackieren die Wölfe gezielt ein schwaches Tier – mit Erfolg.

JAGDSTRATEGIE Die Jagd läuft immer nach einem bestimmten Schema ab und ist durch die folgenden Verhaltensweisen charakterisiert:

1. Beute lokalisieren 2. Anpirschen und Belauern 3. Begegnung 4. Hetzjagd 5. Jagd

Die einzelnen Verhaltensweisen innerhalb der Jagd können sich, abhängig von Beutetierart und Situation, überlappen oder mitten in der Aktion abgebrochen werden.

Seite 88/89: Auf ihren Wanderungen laufen Wölfe meist hintereinander. Um dabei Energie zu sparen, setzt der Hintermann seine Pfoten in die Spur des Wolfs vor ihm.

JAGDSTRATEGIE ODER ZUFALL?

Dem Wolf Hinterlist zu unterstellen, wäre altmodisch, war das doch das Bild, das viele Menschen in früheren Zeiten oder sogar heute noch von ihm haben. Eigentlich sind seine Jagdmethoden doch offen und ehrlich und die Beutetiere haben auch immer eine Chance zu entkommen. Das gilt nicht für bestimmte Elche, denn sie sind krank und schwach – und Schuld daran hat der Wolf. In den Eingeweiden einiger Wölfe leben Bandwürmer. Sie vermehren sich dort prächtig und, sobald sie weit genug entwickelt sind, gelangen sie über die Fäkalien der Wölfe auf den Boden oder ins Wasser. Elche nehmen diese Würmer dann zusammen mit ihrer Nahrung auf. Die Elche dienen dem Wurm als Zwischenwirt. Durch den Blutstrom gelangt der Wurm in die Lungen des Elches, wo er blasige Zysten, oft groß wie ein Golfball, bildet. Mehrere Dutzend Zysten können die Lunge des Elches soweit verengen, dass sich das auf die Ausdauer und die Widerstandskraft der Elche auswirkt. Der Elch wird geschwächt und dadurch wird er zur leichten Beute für den Wolf. Früher hätte man dem Wolf das sicher als hinterlistige Tat angerechnet, um sich seiner wehrhaften Beute leichter zu bemächtigen, heute wird ihm das hoffentlich niemand mehr unterstellen.

BEUTE LOKALISIEREN Ein geeignetes Beutetier zu finden, ist für Wölfe allerdings sehr mühevoll. Zumindest im Winter verbringen sie daher bis zu 50 Prozent ihrer Zeit auf Wanderschaft. Dabei laufen die Mitglieder eines Rudels wie auf einer Perlenkette aufgereiht, indem der Hintermann in die Spuren seines Vordermannes tritt. In steilen oder stark mit Unterholz bewachsenen Gebieten ändern sie ihre Taktik. Hier laufen Wölfe fächerförmig – wahrscheinlich weil sich Beute so besser aufscheuchen lässt. Auf ihrer Suche nach jagdbarem Wild kommen den Wölfen ihre scharfen Sinne zugute: Sie nehmen mit ihren feinen Nasen die Fährten der Tiere auf, lauschen nach verdächtigen Geräuschen und ihre Augen suchen ständig die Umgebung ab. Beim Aufspüren jagdbarer Beute hilft den Wölfen auch ihr sehr gutes Langzeitgedächtnis. Auf ihren Streifzügen stoßen sie immer wieder auf Tiere, die für sie zu diesem Zeitpunkt noch nicht zu überwältigen sind. Die Wölfe üben sich dann in Geduld und warten auf den richtigen Moment. So legte ein auf der Isle Royale lebendes Wolfsrudel 20 Kilometer quer über die Insel zurück, um zu einem sechs Wochen zuvor an einer bestimmten Stelle verwundeten Elch zu gelangen und ihn zu töten.

ANPIRSCHEN UND BELAUERN Sobald Wölfe geeignete Beutetiere erspähen, pirschen sie sich so nah wie möglich an sie heran und beobachten sie. Während sie die Distanz zwischen sich und ihrer Beute langsam verringern, scheinen sie sehr aufgeregt zu sein. Sie werden immer schneller, wedeln aufgeregt mit der Spitze ihrer Rute und ihr Blick ist unablässig auf das auserkorene Tier geheftet. Sie sind extrem angespannt, doch scheinbar wissen sie, dass in diesem Moment ein kopfloser Angriff nicht zum gewünschten Erfolg führt, und halten sich deshalb im Zaum.

BEGEGNUNG MIT DER BEUTE Erst wenn die Wölfe sehr nah an ihrer Beute sind, legen sie es darauf an, entdeckt zu werden. Jetzt ist es an den Beutetieren, auf ihre Angreifer zu reagieren. Sie haben drei Möglichkeiten: Sie können fliehen, auf die Angreifer zulaufen oder einfach dort stehen bleiben, wo sie sind. Für die letzte Variante entscheiden sich normalerweise nur große Beutetiere wie Elche, Bisons oder Hirsche, die dem Wolf etwas entgegensetzen können. Doch auch Schneehasen widerstehen in einer solchen Situation ab und an ihrem Fluchtimpuls. Dieses Verhalten scheint für die Beutetiere das klügste zu sein, denn ein Wolf macht erst den nächsten Schritt, wenn das Beutetier flieht – dann nämlich setzt er ihm nach. Zeigt das Tier oder eine Herde keinerlei Fluchttendenzen, brechen die Wölfe die Jagd ab; nicht immer sofort, manchmal warten sie vorher Stunden, manchmal sogar mehrere Tage. So lange belagern sie ihre Beute und stoßen immer wieder vor, um sie doch noch zur Flucht zu bewegen.

EINE BEUTE WILL GEHETZT SEIN Wie eine Hatz abläuft, hängt ganz von individuellen Umständen und von der Art der Beute ab. Bei der Hatz auf große Beutetiere, die in Herden leben, laufen die Wölfe zuerst parallel zur flüchtenden Herde und halten währenddessen Ausschau nach einem geeigneten Opfer. Entdecken sie ein krankes oder geschwächtes Tier, versuchen sie, es von seiner Herde zu trennen.

Im Gegensatz dazu versuchen Wölfe bei der Hatz auf kleine oder leicht zu erlegende Beutetiere wie Hasen, Karibukälber oder Rehe, das Tier gleich zu Beginn einzuholen und es zu töten.

ERST DIE HATZ, DANN DIE JAGD Die Jagd ist die Fortsetzung der Hatz. Sie dauert in der Regel nicht allzu lange und die Distanzen, die dabei zurückgelegt werden, sind relativ kurz. Stellt sich eine Verfolgung als zu mühsam für die Wölfe heraus, wird sie abgebrochen. In einer Art Kosten-Nutzen-Analyse wägen die Wölfe scheinbar ab, ob sich die Anstrengungen im Hinblick auf den vermeintlichen Erfolg für sie lohnen.

EMPATHIE – EIN MENSCHLICHES ATTRIBUT?

Wölfe haben eine erstaunlich schnelle Auffassungsgabe und können sich scheinbar ein Stück weit in ihre Beute hineinversetzen. Diese Fähigkeit macht eine strategisch durchdachte Zusammenarbeit bei der Jagd erst möglich. Wölfe nutzen Strategien, durch die sie ihre Beute mit weniger Aufwand greifen und dadurch schneller töten können. Beispielsweise schneiden sie ihrer Beute den Weg ab, locken sie in einen Hinterhalt oder wechseln sich bei der Hetzjagd ab.

Am erfolgreichsten jagen Wölfe als Zweierteams. Sie haben gegenüber allein jagenden Tieren den Vorteil, dass sie sich gegenseitig unterstützen können, müssen ihre Beute aber nicht mit vielen teilen, wie es bei der Jagd im Rudel der Fall ist. Die Prokopf-Beute ist bei einem jagenden Paar also viel höher als im Rudel. Ob das auch im Vergleich zum einzeln jagenden Wolf stimmt, weiß man nicht – die Wissenschaftler vermuten es aber.

MENÜREIHENFOLGE Nachdem die Beute geschlagen ist, öffnet der Wolf zuerst die Bauchdecke seines Opfers und legt die Innereien frei. Lunge, Herz, Leber und andere Organe frisst er zuerst, denn angelockte Bären oder Raben hätten leichtes Spiel, sich die Organe zu klauen. Vom Magen wird, entgegen früherer Vermutungen, nur die Wand gefressen. Den Inhalt fressen die Wölfe nicht. Der wird bei dem Versuch, die Magenwand abzulösen, über die Rissstelle verteilt.

Beutetiere bis zu einem Gewicht von 20 Kilogramm wie Biber, Rehkitze oder Elchkälber fressen die Wölfe innerhalb weniger Stunden. Für größere Beutetiere brauchen sie länger – manchmal sogar mehrere Wochen. Da der Nährstoffgehalt in einem frischen Riss höher ist als in einem älteren und weil bereits am nächsten Tag Plünderer den Kadaver aufgesucht haben werden, versuchen Wölfe so schnell und so viel wie möglich auf einmal zu fressen. Sie können ihren Magen, der bis zu zehn Kilogramm Nahrung fassen kann, innerhalb nur einer Stunde füllen. Der menschliche Magen kann im Vergleich dazu nur eineinhalb

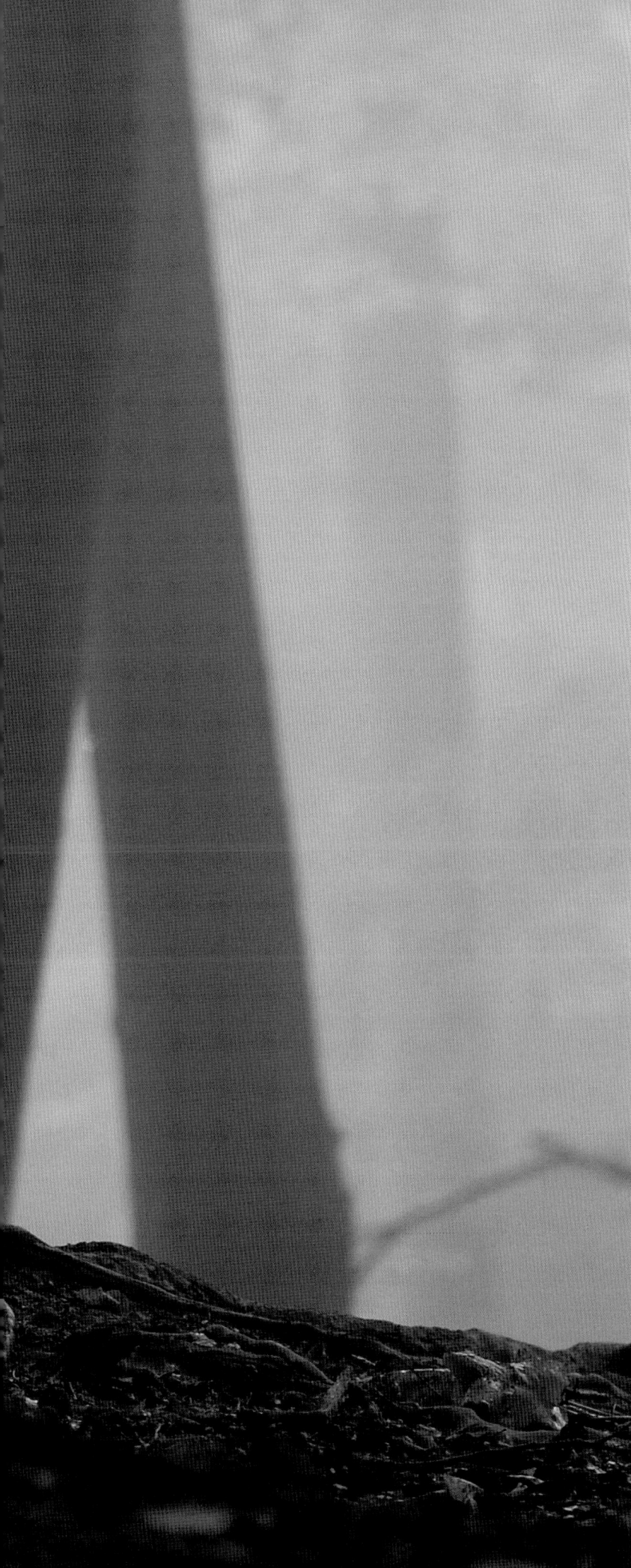

Kilogramm Nahrung aufnehmen. Wölfe können nur dank ihres leicht ätzenden, schleimigen Speichels in so kurzer Zeit so viel fressen. Der Speichel umgibt das Fleisch und macht es glitschig. Auch große Brocken können so schnell verschlungen werden.

Hat der Wolf seinen Magen gefüllt, ist sein Bauch dick und rund. Er sucht sich nun ein Plätzchen zum Schlafen und Verdauen. Bevorzugt liegen diese Schlafplätze in der Nähe des Risses – so kann sich kein Plünderer dem Kadaver unbemerkt nähern. Mit einem prallgefüllten Bauch schlafen Wölfe auf der Seite und rollen sich nicht, wie sonst üblich, zusammen.

Plünderer sind hauptsächlich im Sommer Konkurrenten für die Wölfe, denn in kalten Wintern friert ein Kadaver schnell ein. Da die meisten Plünderer eine kleinere Schnauze haben als Wölfe, fällt es ihnen schwerer, Stücke aus dem Kadaver zu reißen. So geht den Wölfen weniger verloren. Ist der Kadaver sehr hart gefroren, hat auch Isegrim ein Problem – vor allem die älteren Tiere, deren Zähne abgenutzt und nicht mehr scharf genug sind.

VORRATSLAGER Um ihre Beute vor Plünderern zu schützen und damit sie sich in weniger guten Zeiten von den Kadavern ernähren können, legen Wölfe geheime Fut-

Wölfe fristen ein Dasein zwischen Hungern und Überfluss. In Zeiten des Überflusses legen sie sich Vorratslager an, die sie in Notzeiten plündern, doch häufig kommen ihnen Bären und andere Aasfresser zuvor.

terlager an. Die Vorratsräume können ganz unterschiedlich aussehen. Es werden ganze Karibukälber einfach unter dem Schnee versteckt oder die Wölfe graben ein Loch, würgen vorverdaute Nahrung hinein und schließen es, indem sie es mit ihrer Schnauze mit Erde bedecken. Bei der Lage dieser Vorratsräume achten die Wölfe darauf, sie nicht zu nah am eigentlichen Riss zu errichten, um sie vor Plünderern zu schützen. Trotz dieser Bemühungen werden die Vorräte oft schon nach kurzer Zeit entdeckt und von anderen Fleischfressern aufgefressen. Bleiben sie unentdeckt, kehren die Wölfe immer wieder zur Speisekammer zurück, sogar noch nach einem Jahr. Das lohnt sich vor allem in Regionen, in denen der Boden lange gefroren ist, denn dort bleibt die Beute relativ unversehrt. Gerade im Sommer, wenn viele Wölfe alleine oder nur in kleinen Gruppen jagen, verhindern versteckte Lager den Verlust von Beute an Plünderer und Aasfresser.

WASSER AUS DER NAHRUNG Wölfe sind nicht auf frei zugängliches Wasser in der Natur angewiesen. Wären sie es, hätten vor allem die Wölfe der nördlichen Breiten ein Problem, denn hier gibt es nur selten Wasser, meist ist es zu Eis gefroren. Während des Winters trinken die Wölfe deshalb nur wenig oder gar nicht – obwohl Wasser für viele Vorgänge im Körper unerlässlich ist. Sie gewinnen das nötige Nass durch die chemische Oxidation der Nahrung, die im Rahmen des Stoffwechsels abläuft. Nur die säugenden Wölfinnen müssen während der Milchproduktion regelmäßig trinken - das ist auch der Grund, warum Wölfe ihre Geburtshöhlen in der Nähe von Wasserstellen anlegen.

Nach einer langen erfolglosen Hatz trinken Wölfe manchmal aus Flüssen oder Seen. Wie selten das jedoch ist, zeigt eine Beobachtung von Forschern, die ein Rudel innerhalb von 50 Tagen nur zweimal an Wasserstellen sahen. Wüstenwölfe sind dagegen vom Wasser abhängig, weil sie es zur Wärmeregulation ihres Körpers benötigen. Während andere Wüstentiere an ein Leben in der Trockenheit physiologisch oder anatomisch angepasst sind, gehen Wölfe mit dem Wasser vergleichsweise verschwenderisch um. Das können sie sich auch leisten, denn durch ihre Ausdauer erreichen sie selbst die entferntesten Wasserstellen.

HUNGERN, HUNGERN, HUNGERN Wölfe müssen häufig mit wenig Nahrung auskommen, sei es, weil sie keine Beutetiere finden oder die gegebenen Umstände für eine Jagd nicht optimal sind. Um solche Zeiten zu überstehen, speichert ihr Körper in beutereichen Zeiten die überschüssige Energie als Fett, von dem er in schweren Zeiten zehren kann. Doch mit einer echten Fettschicht können sie nicht aufwarten. Sie sind immer in Bewegung. Wo soll da Fett hängen bleiben? Trotz ihres niedrigen Körperfettgehaltes können Wölfe eine erstaunlich lange Zeit auch ohne oder nur mit wenig Nahrung auskommen. Für wildlebende Wölfe gibt es dazu keine Zahlen. Für Gehegewölfe ergaben sich aus Tests Fastenzeiten von bis zu 67 Tagen – erst dann waren alle Fettreserven aufgebraucht. Hatten die Wölfe nach der Fastenzeit rund um die Uhr freien Zugang zu Futter, schafften sie es, innerhalb von zwei Tagen wieder ihr ursprüngliches Gewicht zu erreichen. Diese sehr kurze Erholungszeit macht aus Wölfen wahre Überlebenskünstler.

MIT HAUT UND KNOCHEN Reines Muskelgewebe reicht einem Wolf nicht aus, um sich mit den für ihn wichtigen und nötigen Nährstoffen zu versorgen. Nur wenn er alle Teile wie Innereien, Muskelgewebe oder die Knochen seines Beutetieres frisst, ist er optimal mit Nährstoffen versorgt. Vor allem die Knochen der Beutetiere enthalten wichtige Stoffe. Eine Knochendiät reicht dem Wolf sogar aus, Zeiten mit wenig Nahrung zu überleben.

WETTRÜSTEN Seit Jahrmillionen leben Beutetiere und Beutegreifer zusammen in einem Lebensraum. Der Lauf des Lebens ist es, zu fressen und gefressen zu werden. Der Mensch tendiert dazu, die armen Opfer zu bedauern, und betrachtet Jäger mit einer gewissen Abscheu. Die dem Wolf nachgesagte Mordlust ist schlichte Notwendigkeit, um zu überleben. Dabei geht er bei der Jagd sogar enorme Risiken ein. Denn so wehr- und hilflos, wie uns seine Beutetiere erscheinen, sind sie nicht. Seit der Zeit, als die allerersten Beutetiere auf ihre Feinde trafen, vollzieht sich eine Art Wettrüsten zwischen Beutetieren und Beutegreifern. Beide Seiten verbesserten über Jahrmillionen ihre Waffen, Verteidigungs- und Angriffstechniken. So haben Hirsche und Elche ein riesiges Geweih und scharfe Hufe entwickelt, mit denen sie angreifende Wölfe schwer verletzen können. Andere für den Wolf in Frage kommende Beutetiere setzen auf Tarnung. Ihre Fellfarbe ist perfekt der Umgebung angepasst und erschwert es dem Wolf, sie zu entdecken. Wieder andere wie die Dallschafe können sehr schnell laufen und klettern. Sie sind in felsigen Gebieten dem Wolf haushoch überlegen. Bisons und Moschusochsen verlassen sich vor allem im Winter, wenn sie schwach und verwundbar sind, auf den Schutz einer großen Gruppe – so wird der Jagddruck auf das einzelne Tier geringer. Scheinbar hängt die Größe der Herde, zumindest bei Moschusochsen, mit der Zahl der in einem Gebiet lebenden Wölfe zusammen: Je mehr Wölfe, desto größer die Herde, dann ist der Schutz am besten.

FLUCHT ALS LÖSUNG Alle Beutetiere der Wölfe sind extrem aufmerksam und ständig auf der Hut. Manche sind so clever, dass sie ihre Feinde am Kot oder Urin erkennen und ihnen aus dem Weg gehen.
Andere scheinen den schlauen Wolf austricksen zu wollen; der Weißwedelhirsch stellt beispielsweise seinen Schwanz auf. Damit signalisiert er dem Jäger: Ich weiß, dass du da bist; pass auf, gleich bin ich weg. Er bleibt aber stoisch stehen! Trotzdem ist die Flucht die häufigste Art der Beute, sich dem Wolf zu entziehen. Nur wenn die eigenen Fluchtchancen als zu gering eingeschätzt werden, stellen sich die Tiere ihren Angreifern.

Seite 98/99: Im Winter ist die Erfolgsquote der Wölfe auf der Jagd am größten, denn sie sinken weit weniger tief in den Schnee ein als ihre Beute.

MÜTTER Auch Kühe, deren Kälber noch zu schwach zum Fliehen sind, haben keine andere Chance, ihre Jungen zu schützen, als sich den angreifenden Wölfen entgegen zu stellen. Dabei werden vor allem Elchmütter den Wölfen gefährlich, denn sie verteidigen ihre Jungen unter Einsatz all ihrer Kräfte und Waffen – selbst dann, wenn ihre Kälber schon mehrere Tage tot sind: Eine Elchmutter hielt acht Tage lang ein ganzes Rudel in Schach, damit sich die Wölfe nicht über ihre beiden toten Kälber hermachten.

Sind die Kälber alt genug zum Fliehen, bleibt die Mutter dicht hinter ihnen, um die verwundbarsten Stellen der Jungtiere vor den Angreifern zu schützen.

Bisons und Moschusochsen schützen ihre Nachkommen, indem sie sich bei einem Angriff von Wölfen wie ein Ring um ihre Kälber formieren. Mit den Hörnern in Richtung der Angreifer bilden die erwachsenen Tiere ein fast unüberwindliches Hindernis für die Wölfe. Nur wenn es ihnen gelingt, die Herde in die Flucht zu schlagen, haben die Wölfe eine Chance, sich eines der Neugeborenen zu schnappen.

WASSER ALS RETTUNG Auf ihrer Flucht vor Wölfen nutzen Beutetiere auch topographische Gegebenheiten. Felsige, steile Gebiete, Sümpfe oder Flüsse, Bäche und Seen dienen ihnen als Zuflucht. Im Wasser sind vor allem langbeinige Beutetiere wie Elche gegenüber den Wölfen im Vorteil. Während ihre langen Beine den Fluss- oder Seegrund noch berühren, müssen die Wölfe schwimmen. Sie sind völlig ungeschützt, wenn der Elch zu einer Attacke mit seinen Hufen ansetzt. Doch die Flucht ins Wasser bringt Beutetiere nicht immer in Sicherheit; manchmal harren die Wölfe so lange am Ufer aus, bis die Beute völlig entkräftet ist. Dann ziehen sie sie aus dem Wasser und töten sie.

DAS WANDERN IST DER BEUTE SCHUTZ Um die Zahl der Begegnungen mit Wölfen zu verringern, wechseln Beutetiere häufig ihre Standorte. Das macht es den Wölfen schwerer, sie zu finden, und verringert für die Beutetiere die Gefahr, einem Wolf zu begegnen. Um dem Jagddruck durch die Wölfe zu entgehen, wandern Hirsche, Elche und Rehe kurz vor der Geburt ihrer Kälber in sumpfige, moorige oder felsige Regionen. Hierher können die Wölfe nur schwer folgen. Außerdem verringert die zeitgleiche Geburt aller Kälber einer Art den Jagddruck auf das einzelne Tier.

Ein Beispiel aus dem Yellowstone National Park in den USA zeigt, dass Wanderungen nicht ausschließlich dazu dienen, Wölfen aus dem Weg zu gehen, sondern die Überlebenschancen der Tiere per se erhöhen: Sowohl vor als auch nach der Wiederansiedlung von Wölfen in Yellowstone wanderten Elchmütter mit ihren Kälbern in Gebiete, in denen nur wenig Schnee lag. Dadurch fanden sie leichter Nahrung und weniger Tiere starben an den Folgen der Unterernährung. Die Dezimierung der Kälber durch die Räuber scheint also nur untergeordnet zu sein.

Gerade die Wölfe im kalten Norden müssen weite Wanderungen auf sich nehmen, um jagdbare Beute zu finden. Ihre Suche ist dennoch nicht immer erfolgreich.

ZU GESUND UND WEHRHAFT Grundsätzlich erbeuten Wölfe eher die alten oder kranken Tiere, denn gegen einen ausgewachsenen Elchbullen hat selbst ein Rudel mit mehreren erfahrenen Wölfen kaum eine Chance. Zu wehrhaft ist der bis zu 1.000 Kilogramm schwere Elch mit seinen harten Hufen und dem riesigen Geweih. Ein Angriff ist für die Wölfe höchst riskant und selbst wenn der Elch die Wölfe nicht tötet, die Verletzungen, die er ihnen zufügen kann, bringen dem Tier letztendlich den Tod.

JAGDERFOLG Trotz seiner ausgeklügelten Taktiken bleibt die Jagd für den Wolf beschwerlich. Seine Erfolgsquote ist abhängig von vielen Dingen: vom Wetter, der Tages- und Jahreszeit, dem Terrain, der Beuteart, der Erfahrung der Beute mit Jägern, dem Alter, Geschlecht oder der Verwundbarkeit. Bisher gibt es nur Zahlen zu den Erfolgsquoten des Wolfs im Winter, da hier die Beobachtungen leichter waren. Doch diese Zahlen sind über das Jahr gesehen nicht repräsentativ, denn im Winter ist es leichter Beute zu machen als im Sommer. So kursieren Werte für den Jagderfolg von unter 4 bis über 56 Prozent. Der Wolfsforscher David Mech allerdings sieht die Jagderfolgsquote des Räubers als verschwindend klein an. Nach seinen Ergebnissen dürfte sie im Schnitt bei nur fünf Prozent liegen. Mech beobachtete, dass die Wölfe von 131 angetroffenen Elchen nur sechs töten konnten. Die anderen Elche entwischten ihnen oder boten den Wölfen die Stirn, wodurch sie ihre Angreifer letztlich vertreiben konnten. Wie beharrlich der Wolf bei seiner Jagd ist, hängt nach Mech auch von seiner Motivation ab. Die erhöht sich, je länger die letzte erfolgreiche Jagd zurückliegt.

LEICHTE BEUTE IM WINTER Der Jagderfolg der Wölfe ist im Winter deshalb höher, weil ihre Beutetiere auf Grund mangelnder Nahrung schwächer sind und tiefer Schnee sie auf der Flucht behindert. Sie kommen nur langsam vorwärts, ihr Gewicht und die harten Hufe lassen sie tief einsinken. Die Wölfe hingegen sind leicht und ihre weichen Pfoten liegen auf dem Schnee auf, vor allem wenn die oberste Schicht des Schnees angefroren ist. Das scheinen die schlauen Jäger zu wissen, denn ihre winterlichen Jagdzüge beginnen sie am frühen Abend, wenn der tagsüber angetaute Schnee durch die sinkenden Temperaturen wieder friert, oder während eines Eissturms, wenn der kalte Wind die obere Schicht des Schnees härtet.

HIRSCHE IM HERBST, KÜHE IM WINTER Je nach Jahreszeit bevorzugt der Wolf verschiedene Geschlechter einer Beutetierart. Ein Beispiel aus dem Nordosten Minnesotas: Der Wolf jagt hier bevorzugt Weißwedelhirsche. Die Kälber der Hirsche sind das ganze Jahr über eine interessante, da leichte Beute für ihn. Im Sommer, wenn die Lebensumstände für die Hirsche optimal sind, beschränken sich Wölfe auf den Nachwuchs. Die erwachsenen Tiere sind in dieser Zeit körperlich fit und kräftig und damit als Beute ungeeignet. Im

Herbst ändert sich das: Jetzt beschäftigen sich die männlichen Hirsche vornehmlich mit der Brunft. Sie fressen nur noch wenig und das Werben um die Weibchen kostet sie viel Energie. Sie werden von Tag zu Tag schwächer und damit zur leichten Beute für die Wölfe. Im Winter hingegen konzentrieren sich die Wölfe auf die trächtigen Hirschkühe. Sie sind jetzt am unbeweglichsten und schwächsten.

SURPLUS-KILLING Wölfe neigen unter bestimmten Voraussetzungen dazu, mehr Tiere zu töten, als sie fressen können: Das nennt man Surplus-Killing. In freier Wildbahn beobachtet man dieses Phänomen nur selten, doch wenn Wölfe Haustiere jagen, schlagen sie häufig über die Stränge. Es gibt Vermutungen, warum sie das tun: Die eingesperrten Schafe und Ziegen können nicht flüchten, daher hat der Wolf leichtes Spiel bei der Jagd. Hat er ein Tier erwischt und tötet es, versuchen die anderen zu flüchten, doch der Zaun setzt ihnen dabei Grenzen. Die panischen Fluchtversuche scheinen der Auslöser für einen neuerlichen Jagdreiz des Wolfs zu sein. Er befindet sich in einer Art Endlosschleife, was sein jagdliches Verhalten angeht: Die Flucht des Beutetieres löst die Verfolgung aus und die Verfolgung zieht das Töten nach sich und so weiter. Da Wildtiere in ihrer Flucht nicht behindert sind und sich so schnell wie möglich aus dem Staub machen, sobald ein Wolf einen ihrer Artgenossen angreift, ist Surplus-Killing in der Wildnis nicht zu beobachten.

Es könnte aber auch so sein, dass Wölfe durch bisher unbekannte Jagdsituationen zum übermäßigen Töten verleitet werden. Die vielen eingesperrten und daher leicht zu schlagenden Beutetiere sind nichts, was der Wolf aus seiner natürlichen Umgebung kennt. In der Wildnis ist er nie mit so vielen „freiwilligen" bzw. wehrlosen Opfern konfrontiert. Er nutzt also die Chance, so viele wie möglich zu töten.

JÄGER VON GEBURT AN Die Fähigkeit zu jagen ist Wölfen angeboren. Sie können es, selbst wenn sie aus der Gefangenschaft in ein ihnen völlig fremdes Gebiet ausgewildert werden. Sie sind weder darauf angewiesen, ein Territorium noch eine Beutetierart zu kennen, um erfolgreich zu jagen. Die Umsiedelung kanadischer Wölfe in den Yellowstone Park bestätigt das: Schon nach wenigen Tagen jagten die Wölfe dort Hirsche, obwohl ihnen das Gebiet unbekannt war. Dennoch besteht kein Zweifel daran, dass Wölfe, die in Freiheit geboren wurden, ein besseres Gespür für die Beutetiere in ihrem Territorium entwickeln. Die Wölfe lernen deren Eigenarten, ihre Vorlieben und Verhaltensweisen durch häufige Begegnungen bei verschiedenen Umweltbedingungen und an unterschiedlichen Stellen des Territoriums kennen. Dadurch können sie ihr Verhalten und ihre Jagdtechniken optimal an die jeweilige Beutetierart anpassen. Ihre Jagd wird so effektiver.

GLÜCK MUSS DER WOLF HABEN Zu einer erfolgreichen Jagd gehört immer auch ein Quäntchen Glück: Ein Dallschaf ist im eige-

Seite 104/105: Bis die Besitzverhältnisse erst einmal geklärt sind, streiten vor allem ranggleiche Wölfe um die besten Stücke der Beute.

nen Terrain für Wölfe kaum zu fangen, verirrt es sich in die Ebene, ist sein Schicksal besiegelt. Klugheit, Schnelligkeit und gefährliche Waffen alleine reichen dem Wolf nicht, ein erfolgreicher Jäger zu sein. Die Verteidigungsmöglichkeiten seiner Beutetiere verhindern, dass er jedes beliebige Tier töten kann, und lassen ihn auf verwundbare Tiere zurückgreifen. Er übernimmt damit die Funktion einer Gesundheitspolizei. Durch die Bejagung der alten und kranken Tiere sorgt der Wolf für eine bessere und gesündere Population.

ZÜNGLEIN AN DER WAAGE Die Frage, ob Wölfe ihre Beutetiere in einem bestimmten Gebiet ausrotten können oder nicht, wird seit Jahren unter Wissenschaftlern heiß diskutiert. Ja, es scheint möglich zu sein: Ein Beispiel kommt aus Alaska. Die Wölfe auf Coronation Island verfolgten die dort lebenden Schwarzwedelhirsche, bis es keine Hirsche in diesem Gebiet mehr gab.

Nein, das Ganze ist doch nicht so einfach! Die Wissenschaftler zeigten, dass unzählige Faktoren die Dezimierung einer Beutepopulation bedingen, niemals ein einziger Faktor: Zum Beispiel ob die Wölfe dieser Gegend nur eine oder mehrere Beutetierarten bejagen, ob es noch andere Jäger für die gleiche Beute in diesem Revier gibt, wie die Populationsdichte sowohl der Beutetiere als auch der Wölfe ist, ob die Umwelt sich verändert und welches Klima herrscht. Auf der Isle Royale lebten Wölfe inmitten der größten Elchpopulation der Welt. Elche sind hier die Hauptbeute der Wölfe und doch kommt es zu keiner nennenswerten Veränderung der Bestandszahlen der großen Beutetiere. Und auch die Rudelgrößen der Wölfe nehmen bei so viel jagdbarer Beute nicht zu.

DAS WÖRTCHEN „WENN" Doch dann passierte etwas: Die isolierte Wolfspopulation brach auf der Isle Royale an den Folgen des Parvovirose-Virus zusammen. Nun explodierte die Zahl der Elche auf der Insel: Die Wölfe waren also hier der limitierende Faktor für die Zahl der Elche. Mit der steigenden Zahl der Elche verschwanden allerdings im Winter immer mehr Balsamtannen, die Hauptnahrung der Elche. Es kam zu einer Kettenreaktion im gesamten Leben der Insel. Daran erkennt man die Komplexität eines Ökosystems. Die Anwesenheit der Wölfe beeinflusst nicht nur die Zahl und Art der Beutetiere, sondern noch ganz andere Teile des Systems, die vordergründig nichts mit den Wölfen zu tun haben.

Wenn der Parvovirose-Virus nicht die Wolfspopulation vernichtet hätte, würde das Ökosystem der Isle Royale noch bestens funktionieren.

DIE WÖLFE DER ISLE ROYALE Über eine Eisbrücke gelangten 1948/49 einige Wölfe vom Festland auf die Isle Royale. Auf dieser Insel gab es außer dem Elch kein größeres Beutetier für den Wolf. Im Jahr 1959 begann man mit einer jährlichen Bestandsaufnahme der Wolf- und der Elchpopulation. Damals lebten auf der Isle Royale 20 Wölfe und über 600 Elche. Zu Beginn der 60er Jahre hatten die Elche überdurchschnittlich viele Zwillingsgeburten. Und durch die Entnahme einiger Wölfe durch Abschuss steigerte sich die Produktivität der Elche weiter. Seitdem blieb die Zahl der Wölfe konstant (20 - 25 Tiere), während die Elche immer weiter zunahmen (1.200 Tiere). Doch schon bald fanden die Elche nicht mehr genug Nahrung und die Geburtenzahl und der Anteil der Zwillinge verringerte sich wieder. In den Jahren 1969 bis 1972 waren die Winter sehr streng und die Wölfe rissen viele Elchkälber, was ihre Zahl stark dezimierte. Gleichzeitig nahm aber der Biberbestand auf der Insel zu, was den Wolf in die Lage versetzte, ganzjährig ausreichend Beute zu schlagen und die Wölfe vermehrten sich. Bis 1980 vermehrten sich die Wölfe auf 50 Tiere. 1981 starben jedoch 40 % der Wölfe. Wahrscheinlich war Inzucht eine Ursache. Die andere Ursache war die ständige Konkurrenz und die damit verursachten Stresssituationen der an Überbevölkerung leidenden Wölfe. Die Natur hat die Bestände von Elch und Wolf damit selbst reguliert.

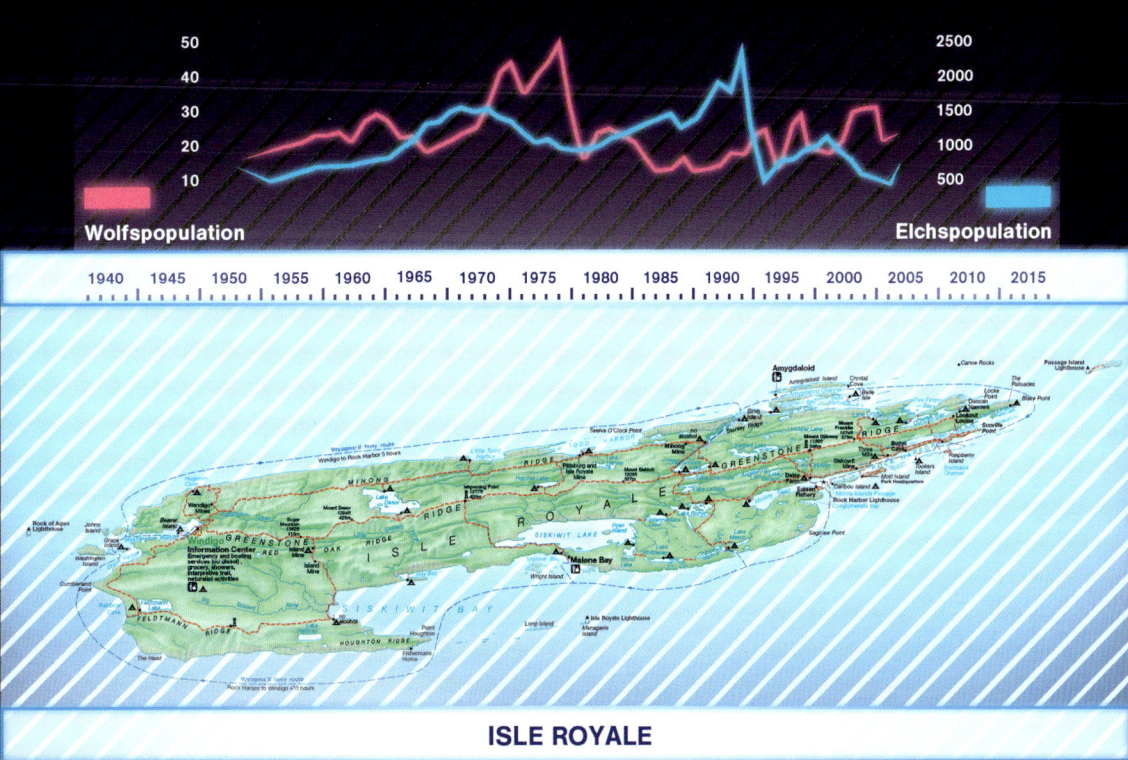

Wolfspopulation — **Elchspopulation**

ISLE ROYALE

4

VOM GUTEN UND VOM BÖSEN WOLF

ER RAUCHT UND HEULT Heilig Abend. Ein hungriger Wolf streift durch die verschneite Landschaft. Er trägt einen alten Schlapphut, im Mundwinkel eine Zigarrenkippe, sie ist kalt. Den Kopf hat er tief zwischen seine dürren Schultern gezogen und an seiner Nase hängt ein Eiszapfen – ein armer Tropf. Plötzlich hält er inne. Seine Augen werden schmal und leuchten auf. Der Eiszapfen fällt klirrend von der Nase. Mit blitzenden Zähnen und gespitzten Ohren blickt er durch das Fenster einer kleinen Hütte: Drei kleine Schweinchen sitzen hier, fröhlich grunzend, um einen Weihnachtsbaum. Mit Geheul stößt er die Tür auf. Nach einer Schrecksekunde bei den Schweinen fliegt ihm eine Sahnetorte mit lautem Pfeifen ins Gesicht. Der Zeichentrickfilm des 20. Jahrhunderts hat erst angefangen, doch man weiß schon, was bei der Geschichte herauskommen wird. Der Wolf, ein uralter Dämon, heute schon etwas verblasst und ins Lächerliche gezogen, aber durchaus medienwirksam und auf den ersten Blick schaurig, treibt sein Unwesen auf der Leinwand.

Jeder von uns weiß eine Menge Geschichten über den Wolf, im Wesentlichen nur schlechte. Gute kennt man nur aus längst vergangenen Zeiten, dem alten Ägypten und aus Eskimo- oder Indianersagen.

IM WOLFSPELZ AUF BÜFFELJAGD Bei den Eskimos und Indianern Nordamerikas wurde der Wolf verehrt, obwohl er ein Konkurrent des Menschen war, denn er jagte die gleichen Beutetiere. Weder die Jagd des Menschen noch die des Wolfs verringerte die Beute für den jeweils anderen. Es war genug für beide da. So nannten die Prärieindianer den Wolf Bruder. Ab und an jagten sie ihn auch. Sie brauchten das Wolfsfell als Tarnung, um Büffel zu jagen. In Wolfspelz gehüllt, konnten sich die Indianer sehr viel näher an die Herde heranschleichen und sie dann mit Pfeil und Bogen erlegen.

LEHRMEISTER DES MENSCHEN

Ihre Verehrung für den Wolf zeigten die Indianer der Westküste Kanadas, indem sie ihn auf Totempfählen verewigten. Auf dem berühmten Totempfahl von Wakias, in Britisch Kolumbien, ist von oben nach unten erst der Adler als König der Lüfte, darunter der Wal als Herr des Meeres, dann der Wolf als Herrscher des Landes abgebildet.

Nach einer Legende der Indianer am Columbiafluss gab es eine Zeit, in der die Menschen wie Tiere waren. Da gab es die Biber-Menschen, die Reh-Menschen, die Vogel-Menschen und viele mehr und – es gab Monster. Die Tier-Menschen waren selbstsüchtig und unwissend. Sie wurden von den Monstern bedroht. Da sandte die Erde den Wolf, der die Tier-Menschen lehrte, gerecht und weise zu leben. Der Wolf tötete die Monster und schuf aus ihren Körperteilen den Menschen. Aus den Beinen wurden Mitglieder des Klickitat-Stammes, die besonders schnell laufen können. Aus den Armen wurden die Cayase-Indianer, die besonders gut schießen können. Aus dem Rumpf wurden die Indianer, die am Fluss lebten – so formte der Wolf aus allen Körperteilen Stämme mit besonderen Eigenschaften. Bei den Indianern der Südküste vergaß der Wolf in der Eile den Mund. Das holte er mit einem Messer nach – mehr schlecht als recht. Man sagt den Südküstenindianern nach, dass sie deshalb einen hässlichen Mund hätten.

Die für die Indianer sehr gefährliche Büffeljagd als getarnter Wolf fand im 17. Jahrhundert ein Ende, als die ersten Stämme Pferde besaßen.

VON GUT UND BÖSE

Der Wolf als Schöpfer, etwas schlampig und vergesslich, aber gut und weise. Diese dem Wolf gegenüber positive Einstellung war für viele Gesellschaften auf der Stufe der Jäger und Sammler, aber auch der ersten Ackerbauern typisch. Erst mit der ausgedehnten Haltung von Haustieren veränderte sich das Bild des Wolfs in den Viehzucht betreibenden Kulturen nachhaltig.

In anderen Kulturkreisen hatte der Wolf schon früh eine Doppelrolle: verehrungswürdig, aber auch Symbol für das Unerklärliche, Böse, Angsteinflößende. Erstaunlich ist, dass diese Ambivalenz der Gefühle sowohl in der Mythologie des Westens als auch der des Ostens zu finden ist.

MIT ÜBERSINNLICHEN KRÄFTEN

In Japan beispielsweise ist der Wolf als Okami bekannt. Hier ist er kein normales Tier sondern ein „yama no kami", ein Berggeist der Wälder und Berge beschützt. Ihm werden übersinnliche Kräfte nachgesagt. Er beschützt Wanderer auf ihrem Weg, warnt die Menschen vor Naturkatastrophen und hilft den Armen und den Schwachen in ihrer Not. Ihm zu Ehren wurde sogar ein Schrein errichtet: der Mitsumine-Schrein. Zwei Wolfsstatuen flankieren das Tor zum Schrein, sie stehen für das schlafende, das wachende und das träumende Bewusstsein. Obwohl der Wolf in der japanischen Mythologie als gutes Wesen gilt, half ihm das nichts im Kampf ums Überleben. 1898 wurde der Hokkaido-Wolf durch eine Vergiftungskampagne japanischer Bauern ausgerottet.

Seite 112/113: Wölfe sind auf der Jagd sehr geduldig. Zeigt ihre Beute keinerlei Fluchtverhalten, harren sie manchmal über Tage neben der Herde aus, bis die Tiere doch noch vor ihnen fliehen.

DER INDISCHE WOLF HAT DIE SONNE VERSCHLUCKT In Indien galt der Wolf eine Zeit lang sogar als heiliges Tier und durfte weder getötet, noch beleidigt werden. Im indischen Mahabharata, einem Hindu-Epos, heißt einer der Helden Vridokara, was so viel bedeutet wie Bauch des Wolfs. Der Wolf ist hier das Sinnbild für Ehre, Tapferkeit und siegreiches Heldentum.

Im Rigveda, dem ersten der heiligen Bücher der Hindu, bittet dagegen ein Frommer die Nacht, sie möge den Wolf vertreiben. Vom Sonnengott Pushan erfleht er, den feigen Räuber Wolf von den Wegen des Menschen fernzuhalten.

In einer anderen Passage befreien Gläubige am Morgen eine Wachtel aus dem Maul des Wolfs Vrika: Diese Tat steht für die Befreiung der Sonne aus der Höhle der Finsternis. Damit wird die Grundangst des Menschen vor den Gefahren der Nacht veranschaulicht und es soll gezeigt werden, welche Erleichterung der Tag bringt, an dem alles sichtbar, erklärbar und lebbar wird.

Auch in den nordeuropäischen Ländern, in der altgermanischen Mythologie wie der Edda ist der Wolf ein zwiespältiges Wesen.

ODIN UND DER BÖSE FENRIS Odin, auch Wotan genannt, der Göttervater und Kriegsgott zugleich, wurde teilweise mit einem Wolfskopf abgebildet. Stets trat er jedoch in Begleitung der beiden Wölfe Gere und Freke auf. Die Wölfe machten sich bei dem Festmahl, das täglich zu Ehren der im Kampf Gefallenen abgehalten wurde, über die Reste her. Die Wölfe stehen hier für Tapferkeit und Ruhm. Doch mit dem bösen Fenriswolf kam für Odin und die ganze Welt der Untergang. Der böse Wolf siegte gegen das Gute, die Tapferkeit.

WOLFSKINDER Einmal ist der Wolf der Weltverschlinger, dann wieder der Gründer neuer Städte und Kulturen. Rom verdankt der Sage nach dem Mutterinstinkt einer Wölfin seine Gründung. Um 770 vor Christus wurde Numitor, Diktator von Alba Longa, von seinem Bruder Amulius abgesetzt. Numitor hatte nur eine Tochter, Rhea Silvia, die als Vestalin Keuschheit gelobt hatte. So konnte Amulius sicher sein, dass ihm keine Nachkommen den Thron streitig machen würden. Doch der Kriegsgott Mars schwängerte Rhea Silvia und sie gebar die Zwillinge Romulus und Remus. Der Tyrann Amulius ließ die beiden Kinder in einer Holzkiste auf dem Tiber aussetzen. In der Nähe des Palatin wurden sie angeschwemmt und von einer Wölfin gerettet, die sie säugte und großzog. Die Jünglinge Romulus und Remus gründeten schließlich an der Stelle, wo sie von der Wölfin gerettet wurden, die Stadt Rom.

Auch wenn die Geschichte schließlich mit einem Brudermord endet, denn Neid und Zwietracht über die Besitztümer entzweiten die Brüder, so findet man heute noch die Wölfin als Wahrzeichen Roms.

Als Zeichen der Verbundenheit mit ihrer Stadt feierten die Bürger Roms alljährlich am 15. Februar das Lupercalienfest. Ein Bock, eine Ziege und ein Hund waren die Opfergaben, die in der Grotte von Lupercal bei Rom – sie hat ihren Namen vom Erscheinen eines hungrigen Wolfs – geopfert wurden. Mit diesen Gaben wollte man den Reichtum der Stadt sichern, denn Bock und Ziege sind Zeichen der Fruchtbarkeit.

VEREHRTER WOLF Noch vor der Gründung Roms hatte der Wolf in einem anderen Brauchtum eine wichtige Stellung eingenommen. Auf dem Berg Saractus wurde der Wolf, Hirpi genannt, bei den Sabinern verehrt. Einige Menschen dieser Volksgruppe konnten über glühende Kohlen gehen – ohne sich zu verletzen. Ein Orakel hatte ihnen auferlegt, so zu sein wie die Wölfe, die über die nächtlichen Feuersäume der Hirten schritten, um an Beute zu kommen. Der Kult sollte Gefahren von Land und Leuten abwenden.
Auch führende Geschlechter der Turk- und Tartarenvölker leiteten ihre Herkunft von mythologischen Wölfen ab. Der Mongolenfürst Dschingis Khan war stolz auf seine Abstammung vom Wolf Bört-a-Tchao, der vom Himmel herabgestiegen war, um eine Rehprinzessin zu heiraten. Auch hier, wie in Rom, setzte sich der Brauch, den Wolf zu verehren, später fort.

WOLFSGÖTTER Im alten Ägypten galt der Wolf und auch dessen Nachfahre, der Hund, als Wächter der Gräberstadt und des Totenreichs. Die ägyptische Stadt Assiut, griechisch Lykopolis genannt, heißt übersetzt „Stadt der Wölfe" und war ausschließlich dem Wolfskult geweiht. Hier herrschte Upuaut, der „Öffner der Wege", der Wolfsgott. Er schützte das Land vor Feinden und führte die eigenen Krieger sicher ins Feindesland. Dass der Wolf mit Kampf und Tod in Verbindung gebracht wurde, war weder bei den Ägyptern noch bei den Germanen eine Abwertung, sondern eine besondere Auszeichnung. Es galt, den ruhmvollen Tod des Kriegers oder Herrschers zu preisen, und nicht ein wehrloses Opfer darzustellen.

DER BESCHÜTZER Im Griechenland der Antike wiederum war dieses Wolfsbild unbekannt, zumindest in der herrschenden Klasse. Hier galt der Wolf als Beschützer der Menschen. In Argos verehrte man ihn als Bezwinger des Stieres, der kam, um das Land zu verwüsten. Pausanias berichtet von einem Dieb, der das Heiligtum des Apollo in Delphi ausgeraubt hatte und als Strafe von einem Wolf zerrissen wurde. Den gestohlenen Schatz brachte man wieder in den Tempel zurück und errichtete dem Wolf ein Denkmal aus Bronze. Auch Aphrodite, die Schönheitsgöttin, wurde bei den Griechen oft in Begleitung eines Wolfs gezeigt. Der Wolf spielte hier allerdings nicht die gleiche Rolle wie bei den Naturvölkern, denn die Griechen suchten nach rationalen und wissenschaftlichen Erklärungen für alle Phänomene auf der Erde. Aberglaube und Mystik rückten in den Hintergrund. Was die Landbevölkerung betraf, so war der Wolf einer von vielen Störfaktoren. Bereits Plinius der Ältere berichtete in seinen Schriften über Konflikte zwischen Tier und Mensch, besonders über die mit dem Wolf. Dass er dennoch toleriert wurde, lag wahrscheinlich an den ausreichend vorhandenen Rückzugsgebieten, die der Wolf hatte, und deshalb dem Menschen nicht zu sehr auf die Pelle rückte.

SINNBILD DES BÖSEN Die Stimmung gegenüber dem Wolf war in Palästina, einem Land, wo der Wolf dennoch bis heute überlebt hat, ganz und gar nicht positiv. Im Alten Testament wurde der Wolf erstmals und ausschließlich als Sinnbild für das Böse angesehen, als leibhaftiger Satan, der dem guten Hirten, dem Diener Gottes, gegenübergestellt war. In Hesekiel 22,27 heißt es: „...die Fürsten von Jerusalem gleichen den räuberischen Wölfen, denn sie vergießen Blut und stürzen Menschen ins Verderben des niedrigen Gewinns wegen." Im Neuen Testament steht in Mathäus 7,15: „...hütet euch vor falschen Propheten, die zu euch in Schafskleidern kommen, innen aber sind sie räuberische Wölfe...", oder in Lukas 10,3: „...siehe, ich sende euch wie Schafe mitten unter die Wölfe." Der Wolf als Sinnbild für Irrlehre und Gefahr für Mensch und Christentum ist im Neuen Testament unzählige Male zu finden. Dieses negative Bild hat sicher dazu beigetragen, dass der Wolf und später auch Wolfs-Menschen als Werwölfe durch die katholische Kirche stigmatisiert und von Christen unerbittlich verfolgt wurden.

Nach dem böhmischen Sprichwort „Man kann den Wolf mit Weihwasser besprengen, er lässt doch der Schafe nicht" zu urteilen, wussten einige Menschen damals schon, dass die Mittel der Kirche gegen einen Schafe reißenden Wolf nutzlos waren.

STELLVERTRETER SATANS Existenzbedrohende Konfrontationen mit dem Menschen standen dem Fruchtbarkeitssymbol, dem Stellvertreter Satans, dem Wächter von Heiligtümern, dem Städtegründer, dem wütenden Krieger, dem Weltverschlinger, dem Stammvater von Herrscherdynastien noch aus. Diese Auseinandersetzungen entwickelten sich erst im Mittelalter, nach dem Zusammenbruch des Römischen Reiches. Man nimmt an, dass sich die Wölfe, wie auch später nach Kriegen, in dieser Zeit zunehmend vermehrten. Die Menschen begegneten Isegrim nun wieder häufiger und allein sein Anblick schürte Angst und Abneigung. Ab jetzt wurde der Wolf verfolgt, gehetzt und abgeschlachtet. Warum aber kam es zu einem derart grausamen und unerbittlichen Feldzug gegen eine Art, die bis zu diesem Zeitpunkt zwar immer wieder Sinnbild des Bösen gewesen war, aber den normalen Bürger nicht behelligte und naturgemäß ebenso eine Existenzberechtigung besaß wie der Mensch?

HAUSTIERLIEBE Der Hauptgrund mag sein, dass mit zunehmender Bevölkerungsdichte immer mehr Wald für Dörfer, Städte, Viehhaltung und das Anlegen von Weiden und Äckern gerodet wurde. Damit schrumpften sowohl die Territorien der Wölfe als auch die der Rehe und des Rot- und Damwildes.. Daraufhin tat sich das Wild mehr und mehr an den vom Menschen kultivierten Gräsern und Ackerpflanzen gütlich. Das konnten die Menschen natürlich nicht dulden und jagten das Wild als Kulturpflanzendieb und zur Beschaffung von Fleisch. Auf der Flucht vor der Bejagung wanderten Rehe und Hirsche in unwegsame Gebiete ab und entzogen sich damit auch dem Wolf. Daher konzentrierte er sich mehr und mehr auf Haustiere als Beute. Später entsann sich der Mensch der Wildtiere und begann Rot- und Damwild in den Bannwäldern der Adeligen zu hegen und zu pflegen. Denn die Jagd zum Zweck der Nahrungsbeschaffung wich der Adelsjagd zum Zweck der Freude und Befriedigung des menschlichen Jagdtriebes. Der Wolf entdeckte die neuen Refugien seiner Beutetiere schnell und zog seinerseits in die Bannwälder. Hier wurde er als Konkurrent angesehen und von den mit Schusswaffen bewehrten Adeligen erbittert verfolgt.

MENSCHENFRESSER Immer wieder drang der Wolf auch in bäuerliche Regionen vor und schürte Angst und Schrecken unter der Bevölkerung. Die Menschen hier waren verarmt und ihre Existenz hing an den wenigen Haustieren, die sie hatten – und die wurden nun vom Wolf bedroht. Aus diesen Zeiten stammen auch die Horrorgeschichten vom menschenfressenden Wolf. Viele davon sind sicherlich Märchen, betrachtet man sie nach heutigem Wissensstand. Doch gerade aus der Zeit zwischen Mittelalter und Renaissance gibt es viele und sicher sind nicht alle frei erfunden. Vermutlich fraßen Wölfe vor allem während und nach Kriegen oder Seuchen die Leichen der Gefallenen und sicher waren auch Menschen dabei, die noch nicht ganz tot waren, aber kurz davor standen zu sterben. In den Geschichten darüber wurde eventuell das ein oder andere Detail weggelassen und aus einem Wolf, der Leichen frisst, wird ein Wolf, der quietschfidele Menschen auf dem Gewissen hat.

Der Hass gegenüber dem Wolf steigerte sich ins Unermessliche. Er wurde zum Teufel hochstilisiert, dessen einziges Lebensziel es ist, den Menschen zu quälen und ihm zu schaden. Kriege und Räuber hatten kein schlimmeres Omen als der Wolf. Der entscheidende Ausrottungsfeldzug gegen den Wolf wurde von Kaiser Karl dem Großen im 8. Jahrhundert in die Wege geleitet. Er befahl, dass jede Grafschaft zwei Jäger, die man „Luparii" und später „Louvetiers" nannte, beschäftigen müsse, um die Wölfe auszurotten. Im Mai, wenn die Jungwölfe die Höhlen verließen, mussten diese von den Louvetiers aufgespürt und „...mit Gift, Fangeisen, Hunden und Wolfsfallen..." erlegt werden.

WOLFSHUND

Für die Wolfshatz wurden spezielle Hunderassen genutzt. Beispielsweise der Irische Wolfshund, der seine Arbeit, vor allem in seiner Heimat, offensichtlich hervorragend erledigte, denn dort waren Wölfe schon lange nicht mehr anzutreffen. Zudem wurden neue Jagd- und Tötungsmethoden erfunden, die an Brutalität nicht zu übertreffen waren. Die Louvetiers waren Männer mit besonderen Privilegien: Sie waren vom Waffendienst in der Armee befreit, hatten das Recht auf kostenlose Übernachtung und Bewirtung sowie die Zuteilung eines bestimmten Maßes Getreide aus den Abgaben, die dem Kaiser zustanden. Da die armen Bauern den Louvetiers bei der Wolfsjagd helfen, sie bewirten und hofieren mussten und manche sogar eine Entlohnung von den Bauern für ihre Dienste verlangten, kam es mit der Zeit zum offenen Widerstand gegen diese Gilde. Erst unter Karl VI. im 14. Jahrhundert wurde die Wolfsjagd neu geregelt und die Situation entschärfte sich.

ZAUBERSPRÜCHE ZUM SCHUTZ VOR DEM BÖSEN WOLF

Der Konflikt zwischen Wolf und Mensch war hausgemacht. Niemand dachte darüber nach, welche Ursache und welche Folgen die Wolfshatz haben könnte. Der Wolf als grauenvolles Ungeheuer musste vernichtet werden. In dieser Zeit entstanden auch zahllose Geschichten, Märchen, Fabeln, Beschwörungen und Riten über und zum Schutz vor dem Wolf. Zaubersprüche wie der aus dem 13. Jahrhundert aus einem Buch des Papstes Honorius III. boten angeblich Schutz vor der Bestie. Der Spruch sollte bei Sonnenaufgang in der Ecke einer Weide fünf mal gesprochen werden, um Isegrim zu vertreiben: „....geh dahin, du graues Tier mit grauen Klauen; ...du sollst nicht kommen zu diesem Fleisch...Vade retro, Satanas."

DER WOLF HASST MUSIK

Es gab noch anderen Hokuspokus, der die Schaf- und Ziegenherden vor dem grauen Jäger schützen sollte. Nach dem Winterlager musste die Herde erst gesegnet werden, bevor sie wieder auf die Weide getrieben wurde. Zauberer verhexten die Wölfe zur Harmlosigkeit, indem

---

Seite 120/121: Von einigen als übersinnlicher Beschützer verehrt, von anderen als Sinnbild des Bösen und verbündeter Satans gefürchtet: der Wolf.

sie ein nur ihnen bekanntes Gebet sprachen. Hirten nahmen zum Schutz gegen den Wolf geweihte Holzstäbchen mit, die sie zum Verjagen der Bestie aneinander schlugen. Schwirrhölzchen, spezielle Brettchen mit einer Schnur, die einen Höllenlärm bei Bewegung machten, sollten den gleichen Effekt erzielen. Nach damaliger Meinung hassten Wölfe Musik und Licht und so nahmen die Hirten Musikinstrumente und sogenannte Wolfslampen mit auf die Weide. Von diesen Riten hielten sich zahllose bis ins 19. Jahrhundert, denn jeder kannte den Wolf, doch niemand wusste wirklich etwas von ihm. Bis zu diesem Zeitpunkt waren die Wolfspopulationen in vielen Regionen Europas bereits stark zurückgegangen. Die verschiedensten Bilder wurden vom Wolf gezeichnet, von denen wir heute wissen, dass sie eher etwas über das Leben von damals, über die Menschen, ihre Ängste und Sorgen, über das Machtstreben der Adligen oder die Unterdrückung der Bauern, Frauen und Kinder aussagten als über den Wolf selbst.

SINNBILD FÜR DIE DÄMLICHE OBERSCHICHT

In den Fabeln dieser Zeit spielen Wolf und Fuchs eine wesentliche Rolle. Der Wolf wird hier als Gegenspieler von Bauern, Holzfällern oder Köhlern dargestellt. Das Bild, das der Wolf widerspiegelt, ist nicht unbedingt grausam, aber auch nicht besonders positiv oder gar kraftvoll. Häufig wird er als Dummkopf, Angsthase und Tölpel beschrieben, der auf jede List hereinfällt. Der Fuchs, der sich mit ihm meist die Hauptrolle teilte, wurde in den Fabeln hingegen als schlau und listenreich dargestellt. Heute nimmt man an, dass der Wolf Sinnbild für die „dümmliche", arrogante Oberschicht war, der Fuchs hingegen die schlaue aber geknechtete Mittel- und Unterschicht symbolisieren sollte. Das negative Bild vom Wolf war wohl auch die Rache der Bauern für die Angst, die ihnen der Viehdieb einflößte.

ROTKÄPPCHEN

Im Märchen stehen Mensch und Wolf in einer anderen Beziehung zueinander als in der Fabel. Im Märchen stammen Wolf, Fuchs und alle anderen Gestalten aus einer unwirklichen Welt. Realitätsbezug hatten sie nur insofern, als sie moralische Vorstellungen, negative und positive Eigenschaften und Wünsche der einzelnen Volksschichten verarbeiteten. Da Märchen ursprünglich nur durch mündliche Überlieferungen weitergegeben wurden, entstand eine unerschöpfliche Vielzahl an Varianten, die eng mit der jeweiligen lokalen Kultur und Lebenssituation verbunden waren. Das im deutschen Sprachraum wohl bekannteste Wolfsmärchen, das vom Rotkäppchen, wurde erstmals im 17. Jahrhundert von Charles Perrault zu Papier gebracht – bei Perrault nimmt die Geschichte kein gutes Ende. Die Moral, die man aus seiner Fassung ziehen sollte, war folgende: Frau, (Großmutter, Enkelin) traue keinem Mann (Wolf) und Mann, lass dich nicht von jungen Dingern (Rotkäppchen) verführen und alte Frau, nimm dich vor dem Neid der Enkelinnen in Acht. Eine Rotkäppchen-Version, die wohl bekann-

DAS ROTKÄPPCHEN - EINE VERSION AUS DEM NIVERNAIS

Es war einmal eine Frau, die hatte Brot gebacken. Sie sagte zu ihrer Tochter: „Geh zu deiner Großmutter und bring ihr frisches Brot und eine Flasche Milch." Auf dem Weg begegnete das kleine Mädchen einem Wolf, der es fragte: „Wohin gehst du?" - „Zu meiner Großmutter..." Der Wolf lief zur Großmutter voraus, brachte sie um, legte ihr Fleisch in eine Schüssel und stellte eine Flasche von ihrem Blut auf das Bord. Dann kam auch das Mädchen und klopfte an die Tür. „Du brauchst nur die Tür aufstoßen," sagte der Wolf. „Guten Tag, Großmutter, ich bringe euch ein frisches Brot und eine Flasche Milch." - „Leg alles dort drüben hin und nimm dir von dem Fleisch und eine Flasche Wein." Während das Mädchen aß, kam eine kleine Katze herein und sagte: „Pfui, so eine Schlampe, sie isst von dem Fleisch ihrer Großmutter und trinkt ihr Blut." - „Zieh dich aus, mein Kind," sagte der Wolf, „und leg dich zu mir." - „Wo soll ich meine Schürze hinlegen?" - „Wirf sie ins Feuer, du brauchst sie nicht mehr." So ging das mit allen Kleidungsstücken und alles verbrannte. Als es nackt im Bett lag, sagte das kleine Mädchen: „Ach Großmutter, warum habt ihr so große Ohren?" - „Damit ich besser hören kann." - „Ach Großmutter, warum habt ihr so große Nasenlöcher?" - „Damit ich besser schnupfen kann." - „Ach Großmutter, warum habt ihr einen so großen Mund?" - „Damit ich dich besser fressen kann." - „Ach Großmutter, ich muss mal nach draußen!" - „Mach ins Bett, mein Kind." - „Das will ich aber nicht!" - „Gut, dann geh raus." Der Wolf band dem Mädchen eine Schnur ums Bein und ließ sie gehen. Als die Kleine draußen war, band sie die Schnur um einen Zwetschgenbaum. Der Wolf wurde ungeduldig und rief: „Machst du Stricke?" Als er merkte, dass niemand ihm Antwort gab, sprang er aus dem Bett und sah, dass die Kleine fortgelaufen war...

Bei diesem unschuldigen Blick fällt es schwer eine Brücke zu den mordlustigen Werwölfen aus den mittelalterlichen Geschichten zu schlagen.

teste, wurde von den Gebrüdern Grimm niedergeschrieben, nachdem sie das Märchen 1812 von einer Bürgerstochter hörten. Ihr Ende fiel wesentlich positiver aus. Nachdem der Wolf die Großmutter und das Rotkäppchen gefressen hat, wird er vom Jäger erschossen. Dieser schneidet ihm den Bauch auf und befreit die beiden Opfer. Hier ist nichts mehr von den moralischen Leitsätzen, die dieses Märchen in der Version von Perrault den Menschen übermitteln sollte, übrig geblieben.

Viel besser als bei der Grimmschen Version des Rotkäppchens ergeht es dem Wolf auch nicht in „Der Wolf und die sieben Geißlein", ebenfalls von den Gebrüdern Grimm erzählt. Durch seine hinterlistige Art gelingt es ihm auch in diesem Märchen, seine Opfer, die zu Hause allein gelassenen sieben Geißlein, hinters Licht zu führen. Er verschafft sich durch Lügen und Tricks Zutritt zu ihrem Haus und frisst, bis auf eines, alle auf. Als die Mutter wieder nach Hause kommt, berichtet das entwischte Geißlein von der Tat des Wolfs. Mutter Geiß schnappt sich ihr Nähzeug, schneidet dem Wolf, der seinen Verdauungsschlaf auf der Wiese hinter dem Haus hält, den Bauch auf und befreit so ihre Kinder aus ihrem dunklen Grab. Auf Anweisung der Mutter sammeln die Geißlein Steine, die sie dem Wolf in den Bauch legen. Mutter Geiß näht ihn wieder zu und gemeinsam werfen sie den schweren Wolf in den Brunnen, wo er untergeht und ertrinkt.

Ganz so dramatisch ist das Ende des Wolfs in dem russischen Musikmärchen „Peter und der Wolf" zwar nicht, aber auch hier ist er der gierige Wolf, der die „guten" Tiere verfolgt und tötet. In „Peter und der Wolf" endet der Wolf, nachdem man ihn triumphierend durch die Straßen trug, in einem Zoo.

WERWÖLFE Nicht nur in Fabeln und Märchen tauchte die altisländische Geschichte vom Fenriswolf immer wieder auf, sondern auch in der mittelalterlichen Realität. Die Gestalt des Fenriswolfs wurde nun als Werwolf dargestellt. Werwölfe, glaubte man, seien Menschen, die halb Wolf, halb Mensch waren und solche Kreaturen zwischen Realität und Phantasie gab es tatsächlich. Die Mitglieder einiger Männergeheimbünde in der Antike warfen sich Wolfsfelle über und ließen sich als Wolfsgötter verehren. Um in ihren Bund aufgenommen zu werden, schreckten sie nicht vor Menschenopfern zurück. Ein Anwärter musste ein Jahr lang unsichtbar in den Bergen leben und sein Überleben durch Mord und Totschlag sichern. Die Eingeweide seiner Opfer dienten ihm als Nahrung. Auch die alten Germanen pflegten solche Praktiken und Bündnisse zum Zeichen von Tapferkeit und Brutalität. Doch niemals haben diese Bräuche solche Ausmaße erreicht wie im Falle der Werwölfe des Mittelalters. In blutigen Wahnsinnszeremonien wurden Männer oder auch Kinder, die sich unnormal benahmen, Wolfspelze trugen, aus einer Familie mit über sieben Kindern stammten, erotische oder melancholische Ausstrahlung besaßen und vor allem gegen die Gesetze der Kirche verstießen, der Inquisition unterzogen. Bis zum 18. Jahrhundert hielten Werwölfe die Bevölkerung in Atem. Man glaubte, entsprechend veranlagte Menschen seien in der Lage, sich zu bestimmten Zeiten in Wölfe zu verwandeln. Halb Mensch, halb Tier und vom Teufel besessen, trieben diese Gestalten in mondhellen Nächten ihr Unwesen. Sie ermordeten vor allem Kinder und Frauen, tranken das noch warme Blut ihrer Opfer, verschlangen die Eingeweide und feierten satanische Orgien. Diese Fähigkeit, sich in einen reißenden Wolf zu verwandeln, nannte man Lykanthropie. Dieser Name hat seinen Hintergrund in der Sagenwelt: König Lycaon von Arkadien zweifelte an der Göttlichkeit Jupiters. Um diese zu überprüfen, lud er Jupiter zu einem üppigen Gastmahl ein, setzte ihm aber Menschenfleisch vor. Zur Strafe verwandelte Jupiter ihn augenblicklich in einen Wolf. Griechische und arabische Ärzte bezeichneten die Lykanthropie als Krankheit des Geistes, die sich darin äußert, dass die befallenen Menschen fest glauben, sie müssten zeitweise als Wölfe existieren.

SYMPTOM: ROTER URIN An der medizinischen Fakultät der Universität Wittenberg wurden Mitte des 17. Jahrhunderts einige Doktorarbeiten über die Lykanthropie verfasst und noch im vorigen Jahrhundert beschäftigten sich Ärzte und Wissenschaftler mit ihr. Heute nimmt man an, dass das Phänomen der Werwölfe in einigen wenigen Fällen einen realistischen Hintergrund besaß, der allerdings nichts mit der Umwandlung in einen Wolf zu tun hatte. Einige der damaligen Werwölfe scheinen dagegen Opfer einer seltenen Erbkrankheit gewesen zu sein, der Porphyrinurie. Bei dieser Krankheit färbt sich der Urin der Erkrankten durch die Abgabe von Blutfarbstoff und anderen Porphyrinen rot. Auch die Wolfsfähen in der Ranz haben rot gefärbten Urin. Ein Zusammenhang? Der rote Urin war für die Menschen damals ein eindeutiges Zeichen für den Blut trinkenden Werwolf und somit war das Schicksal der Betroffenen besiegelt: Sie galten als Werwolf. Einige der Kranken mögen zudem schizophren gewesen sein und unter der Vorstellung, Wölfe zu sein, gelitten haben. Allein im französischen Jura wurden 600 Menschen zwischen 1598 und 1600 vom Richter Boquet zum reinigenden Tod im Feuer verurteilt, um sie von ihrem Dasein als Werwölfe zu befreien.

PETER STUPE Im Jahr 1589 ereignete sich ein besonders gut dokumentierter Fall eines Werwolfs in Bedburg bei Köln. Der Bauer Peter Stupe gestand angeblich freiwillig: „... dass er sich zum Werwolf het kunnen machen", seit 25 Jahren mit einer Teufelin lebe und zwischendurch auch bei seiner „...eigenen rechten dochter gelegen" habe. Er habe von seiner teuflischen Liebhaberin einen Gürtel aus Wolfsfell erhalten und jedes Mal, wenn er ihn umlege, verwandele er sich in einen Wolf, habe aber „darneben Menschen verstand behalten". In Wolfsgestalt zerfleischte er insgesamt 13 Kinder; unter den Opfern: sein eigener Sohn. Das Todesurteil wurde in der Öffentlichkeit am 13. Oktober 1589 auf grausamste Weise vollzogen: Der Scharfrichter riss Peter Stupe mit glühenden Zangen das Fleisch vom Leibe, zerschlug ihm die Arme und Beine und schließlich köpfte er ihn. Den verstümmelten Leichnam verbrannte man zusammen mit seiner Tochter und seiner Tante auf dem Scheiterhaufen. Zur Abschreckung wurde eine hölzerne Wolfsfigur auf ein Rad gesetzt und Peter Stupes Kopf darauf gesteckt, um sie der beeindruckten Menge vorzuführen.

GESTÄNDNIS UNTER DROGEN In den Gerichtsakten waren anschauliche Darstellungen zu lesen, wie sich die Menschen in Werwölfe verwandelten; viele sicher aus der Phantasie der Schreiber geboren. Heute nimmt man an, dass Hexensalben und berauschende Getränke aus Extrakten alkaloidhaltiger Pflanzen wie Bilsenkraut und Tollkirsche den angeblichen Werwölfen eingeflößt wurden und so entsprechende Wahnvorstellungen hervorriefen. Werwölfe und Hexen - denn der Hexenwahn ging mit dem der Werwölfe einher - wurden mit diesen Mitteln und den Foltern der Inquisition zu einem Geständnis gebracht. Es dauerte nicht lange, bis auch echte Wölfe zur Todesstrafe an den Pranger gestellt wurden. Denn man hielt auch sie für in Wolfspelze gekleidete Menschen.

LÄCHERLICHER WERWOLFWAHN Erst zu Beginn des 18. Jahrhunderts hörte die Verfolgung von Hexen und Werwölfen auf. Ausschlaggebend mag ein Werk des Schriftstellers Laurent Bordelon gewesen sein, in dem der Hexen- und Werwolfwahn lächerlich gemacht wurde. Die Prozesse gegen Hexen und Werwölfe wurden abgeschafft. Im Volksglauben lebte allerdings die Mär vom Werwolf weiter, was folgende Geschichte beweist: Er sah aus wie ein Wolf und versuchte sein Opfer mehrfach in den Hals zu beißen. Der Wolf war der 18-jährige David Agulnik aus dem englischen Stratford-on-Thames, der als Wolf verkleidet die Herzogin von Kent auf dem Weg zu einer Ausstellung in London überfiel. Er habe sich einfach wie ein richtiger Wolf gefühlt, vermerkte Agulnik bei seiner Festnahme. Diese Anekdote liegt jetzt etwa 20 Jahre zurück und auch heute noch ist der Glaube an die Verwandlungskunst eines Menschen in ein Tier sehr lebendig.

Ulla von Bernus, eine der bekanntesten deutschen Hexen, gestand zum Beispiel in einem 1991 gegebenen Interview, dass sie seit ihrer Jugend immer wieder in die Gestalt eines schwarzen Jaguars hineinschlüpfe. Im oberhessischen Emsdorf und in der Nähe von Fritzlar sollen bis heute in den Raunächten, das sind die Nächte zwischen Weihnachten und Neujahr, an Wegkreuzungen Werwölfe zusammenkommen, um von hier aus gemeinsam durch die Wälder zu streifen.

DER ANGSTGEGNER Die Frage ist nun, wie gefährlich ein Wolf wirklich ist und ob der Rachefeldzug gegen diese Art gerechtfertigt war. Jagte ihn der Mensch als Nahrungskonkurrent, weil er sein wärmendes Fell brauchte, oder aus Hass und Angst um sein Leben? Sicher richtete der Wolf im Mittelalter großen wirtschaftlichen Schaden an, sobald er dem kleinen Bauern die Herde dezimierte.

Seite 128/129: Der Körperbau der iberischen Wölfe (links) ist kleiner und schmächtiger als der der Timberwölfe (rechts).

Ob aber ein gesunder, reinrassiger Wolf jemals einen Menschen vorsätzlich angegriffen hat, ist umstritten. Interessant ist, dass sich die Menschen in Europa und Russland viel mehr Geschichten über Angriffe von Wölfen auf Personen erzählen als in Nordamerika. Die meisten amerikanischen Biologen sehen die Berichte über tödliche Attacken auf Menschen skeptisch und beteuern, die Gefahr attackiert zu werden, sei verschwindend gering bis unmöglich. So unmöglich scheinen Wolfsangriffe jedoch nicht zu sein, denn in den letzten Jahren wurden zwei Menschen nachweislich durch Wölfe attackiert und getötet. Eine Joggerin starb auf ihrer abendlichen Laufrunde in Alaska; ein junger Student wurde auf einer Wanderung am späten Nachmittag in Saskatchewan von einem Rudel Wölfe getötet.

SCHAUERGESCHICHTEN Den Geschichten zufolge schien jedoch gerade im europäischen Raum der Menschenhunger des Wolfes besonders groß. Entspricht das den Tatsachen oder hat der europäische Mensch sich vom Übersinnlichen, von Dichtung und Mythologie mehr hinreißen lassen als der Amerikaner? Vieles spricht dafür. Es ist bekannt, dass in Europa große Hunderassen zur Bekämpfung der Wölfe gezüchtet wurden. Viele dieser Hunde durften frei herumstreunen und dadurch kam es immer wieder zu Kreuzungen zwischen Wölfen und Hunden. Die Nachkommen aus diesen Verpaarungen waren viel größer und aggressiver als Wölfe und hatten durch ihr Hundeerbe die Scheu vor Menschen verloren. Hinweise, dass Hunde Menschen tötende Bestien waren, gibt es einige, so auch in dem Bericht über die „Bestie von Gévaudan", die der französische Priester François Fabre nachrecherchierte. Er trug die Daten aus alten französischen Dokumenten zusammen und veröffentlichte sie 1901.

DIE BESTIE VON GÉVAUDAN Zwischen 1764 und 1767 wurden in den Gebieten von Gévaudan und Vivarais 100 Menschen von einer Bestie – die Quellen lassen allerdings zwei Tiere erkennen – angegriffen, 64 getötet. Die Opfer waren vor allem Kinder. 1765 wurde das erste Tier nach langer Hatz getötet, 1767 das zweite und damit waren die Angriffe beendet. Beide Tiere hatten Maße, die weit über dem Durchschnitt eines europäischen Wolfs lagen. Das Fell wurde als eine Mischung aus schokoladenbraun und rotbraun beschrieben. Doch eine solche Fellfärbung kommt beim europäischen Wolf nicht vor. Wahrscheinlich waren die Bestien Mischlinge aus Doggen und Wölfen. Derartige Geschichten gibt es viele und auch noch im 20. Jahrhundert sind sie gang und gäbe. So soll ein einziger Wolf im Bergland der Côte d'Azur im Sommer 1978 insgesamt 380 Schafe getötet haben, bevor ihn ein Bauer erlegte – so eine DPA-Meldung. Als man den getöteten Wolf untersuchte, stellte man fest, dass er einen zweimal gebrochenen Hinterlauf hatte und faustgroße Verwachsungen der Brüche den Wolf sehr behindert haben müssen. Die Befragung des Mannes, der ihn erlegte, ergab, dass der Wolf nur noch schwer laufen konnte. Niemals dürfte ein Tier mit einer solchen Behinderung in der Lage

So stellten sich die Menschen damals die Bestie von Gévaudan vor: blutrünstig und verfressen. Doch in Wahrheit war die Bestie einer von ihnen. Der Wolf diente nur als Sündenbock.

gewesen sein, derartig Beute zu machen. Wenn dieser Wolf wirklich ein Schaf getötet haben sollte, dann nur eines, das Selbstmord begehen wollte. Eigentlich ist klar, dass diese Tötungsserie das Werk verwilderter Hunde gewesen sein muss.

INDISCHE MENSCHENFRESSER In Indien gab es einen spektakulären Fall, bei dem mehrere Kinder nachweislich durch Wölfe getötet wurden. In einer sehr armen Region töteten die Wölfe über sieben Monate lang alle drei bis fünf Tage ein Kind. Ein sehr ungewöhnliches und schwer erklärbares Verhalten. Doch die genaue Beleuchtung der Umstände brachte Licht ins Dunkel. Die Kinder durften sich ohne jede Aufsicht durch einen Erwachsenen sehr weit von den Dörfern entfernen und die Zahl der umherlaufenden Kinder übertraf bei Weitem die der umherziehenden Haustiere. Die Wölfe verhielten sich bei der Wahl ihrer Beute ganz normal – betrachtet man ihre Jagdstrategie, sich auf Beute zu konzentrieren, die leicht zu jagen ist. Vielleicht trugen auch die Ausgleichszahlungen der Regierung für die Eltern, deren Kind von einem Wolf getötet wurde, zu einer Verschlimmerung der Situation bei.

ZAHME WÖLFE In Nordamerika hingegen gab es in früheren Jahrhunderten keinen einzigen Fall, bei dem einem weißen Siedler oder einem Trapper durch einen Wolf auch nur ein Haar gekrümmt wurde. Viele der Neuankömmlinge in Amerika wunderten sich darüber, denn die Horrorgeschichten, die sie in ihrer Heimat über Wölfe gehört hatten, ließen sie anderes vermuten. In den letzten Jahrzehnten änderte sich das jedoch. Immer wieder dringen Nachrichten über Zwischenfälle mit Wölfen an die Öffentlichkeit. Auch hier muss man die Hintergründe genauer betrachten. Die meisten Beißattacken kamen nicht aus heiterem Himmel. Immer gab es einen, wenn auch nicht offensichtlichen Grund für die Angriffe. Viele der Beißer wurden vorher in die Enge getrieben, sahen ihre Nachkommen bedroht oder die Menschen, die sich ihnen näherten, waren in Begleitung eines Hundes. Manche dieser Wölfe waren auch schlicht und ergreifend tollwütig. Nur in Ausnahmefällen schienen die Angriffe ohne vorherige Provokation erfolgt zu sein. Bei diesen Attacken waren es aber keine wilden, gesunden Wölfe, die zubissen, sondern Wölfe, die an Menschen gewöhnt waren – aus welchen Gründen auch immer. Der massive Anstieg solcher Zwischenfälle lässt sich auf den besseren Schutz der Wölfe, ihr dadurch bedingtes häufigeres Auftreten und eine neue Freizeitkultur der Bevölkerung zurückführen. Immer mehr Menschen zieht es zum Wandern und Campen in die Nationalparks, somit auch in Wolfsgebiete, und die Wölfe haben die Möglichkeit, sich an Menschen zu gewöhnen. Den Wolf trifft aber nicht alleine die Schuld. Oft gehen Touristen unverantwortlich mit den Wölfen um. Es ist ein Kick, einen Wolf nicht nur zu sehen, sondern sich ihm bis auf wenige Meter zu nähern und ihn möglicherweise aus der Hand zu füttern. Daran gewöhnen sich die Tiere schnell. Sollte ihnen das Futter verweigert werden, fordern sie es ein – und das kann gefährlich werden.

ALLES IST RELATIV Bedenkt man, wie viele Menschen sich täglich in Wolfsgebieten aufhalten – zum Arbeiten, Wandern oder weil sie dort wohnen – ist die Zahl der Wolfsattacken sehr gering. Wahrscheinlicher ist es, von einem Auto überfahren oder von einem Hund gebissen zu werden, als Opfer einer Wolfsattacke zu werden.

Das bestätigen auch Beobachtungen aus der Region rund um die Lausitz in Ostdeutschland. Seit der Rückkehr der Wölfe gab es über 1.000 Wolfssichtungen, doch nur bei einigen wenigen näherten sich die Wölfe einem Menschen, der sie bereits entdeckt hatte. Das Interesse der Wölfe galt in diesen Fällen nicht dem Menschen, sondern den ihn begleitenden Hunden oder Schafen, die sich in der Nähe der Person aufhielten.

ALTE HÜTE Seit der Ausrottung des Wolfs in den meisten Gebieten Europas konnte der Mensch kaum eigene Erfahrungen mit der angeblichen Bestie sammeln. So leben wir heute mit Vorstellungen aus dem Mittelalter, die durch Sagen und Märchen, durch Gerüchte und Halbwahrheiten genährt werden. Erst Menschen wie Jack London oder Rudyard Kipling haben dazu beigetragen, dass der Wolf vom bösen wieder zum guten Lager überwechseln konnte.

Im Dritten Reich durfte der Wolf, wie ehemals bei den Germanen, wieder Sinnbild für Stärke und unbezwingbare Ausdauer sein. Doch sein Ruhm war durch die gegebenen Umstände zweifelhaft. Hitler nannte sich unter Freunden selbst „Wolf", denn der Name Adolf bedeutet so viel wie „Edelwolf". Ihm gefiel das damalige Bild des Leitwolfs, des Alphatieres, dessen Rudelangehörige ihm uneingeschränkten Gehorsam entgegenbringen – und genau das erwartete Hitler auch von den eigenen Untergebenen. Seine Gegner wollte er das Fürchten lehren mit Namen wie „Wolfsschanze" für seinen Befehlsstand im umkämpften Ostpreußen oder wenn er von seiner U-Boot Flotte sprach, die als Wolfsrudel unterwegs war. Selbst die Pfadfinder waren damals als Wölfe bekannt.

DER VERKAPPTE WOLF? Seine Liebe zu Wölfen sah man Hitler auch an der Wahl seines Hundes an: Blondi, eine deutsche Schäferhündin. Der Schäferhund ist dem Wolf in Körperbau und Fellbeschaffenheit sehr ähnlich. Doch trotz dieser Ähnlichkeit ist er kein verkappter Wolf – sein Wesen ist ganz anders als das des Wolfs. Der Schäferhund hat die Eigenschaften eines Hundes: Im Gegensatz zum Wolf ist er nicht scheu und zurückhaltend, nicht so aggressiv und er ist im Unterschied zum Wolf in der Lage, eine starke Bindung zum Menschen einzugehen. Die ursprünglichen Vorfahren des heutigen Schäferhundes sind, wie der Name vermuten lässt, Hütehunde, die die Schäfer bei ihrer Arbeit unterstützen. Es gab langhaarige, rauhaarige und kurzhaarige Varianten. Doch die stockhaarige Variante sollte die beliebteste

werden. Als die Züchter diesen Trend erkannten, kreuzte der ein oder andere von ihnen Wölfe in seine Zucht mit ein, in der Hoffnung, die Ausbildung dieser Haarvariante zu beschleunigen. Außerdem sollte die Einkreuzung des Wolfs eine Erkrankung der Hunde mit Staupe verhindern – nach heutigem Wissensstand völliger Unsinn. Wie viel Wahrheit hinter diesen Behauptungen steckt, kann heute nicht mehr nachvollzogen werden. Eines ist aber sicher: nur weil der Schäferhund eine gewisse Ähnlichkeit mit dem Wolf hat, ist er nicht enger mit ihm verwandt als andere Hunderassen.

WOLFSVERWANDTE Gerade die ursprünglichen, alten Hunderassen wie beispielsweise Husky, Samojede oder Kanaan-Hund haben noch den quadratischen Körperbau der Wölfe und ihre Verhaltensweisen sind dem des Wolfes ähnlicher als die anderer Hunderassen. So bellen nordische Hunde kaum, sind aber begnadete Sänger und Heuler – ein typisches Wolfserbe.

Zwei mit dem Wolf im Aussehen fast identische und noch sehr junge Hunderassen sind der Tamaskan und der Utonagan. Bei der Zucht all dieser Rassen, die eine Mischung aus Alaskan Malamute, Deutschem Schäferhund und Sibirischem Husky ist, wird der Schwerpunkt auf ein wölfisches Äußeres gelegt. Wölfe oder Wolfshybriden wurden, soweit bekannt, aber nicht mit eingezüchtet. Das ist beim Tschechoslowakischen Wolfshund und dem Saarloos-Wolfhond anders. Zu Beginn der Zucht wurden bei beiden Rassen gezielt Schäferhunde mit Wölfen verpaart. Die Hoffnung, den Schäferhund dadurch mutiger und ursprünglicher zu machen, wurde jedoch zerschlagen. Denn die Wölfe brachten ihre Vorsicht und ihre Scheu als Erbanlagen mit. Seit 1983 wurden beim Tschechoslowakischen Wolfshund, seit 1963 beim Saarloos-Wolfhond keine Wölfe mehr eingekreuzt. Dennoch können einige Nachkommen ihr wölfisches Erbe nicht verstecken. Der Umgang mit diesen Hunden wird dadurch schwieriger. Wolfshunde sind faszinierend, doch sie sind nichts für Hundeanfänger. Jeder, der sich einen solchen Hund anschafft, muss sich vorher darüber klar werden, dass die vererbten Verhaltensweisen des Wolfs noch sehr stark ausgeprägt sein können: So bleiben sie zum Beispiel nicht gerne alleine und sind wahre Ausbruchskünstler, wobei sie keine Rücksicht auf die teure Innenausstattung einer Wohnung nehmen. Gegenüber Fremden sind sie oft skeptisch und zurückhaltend und Veränderungen in der Umgebung, und sei es nur eine herausgestellte Mülltonne, bringen manche Wolfshunde vollkommen aus der Fassung. Ihr starker Jagdtrieb stellt viele ihrer Besitzer auf die Probe und einige werden zu einem Leben an der Leine verdammt. Werden Wolfshunde jedoch fachkundig und artgerecht gehalten, dazu gehört auch ausreichende physische und psychische Beschäftigung, können sie angenehme Begleithunde werden. Die Ansprüche,

Dieser Tschechoslowakische Wolfshund kann seine Abstammung vom Schäferhund nicht verleugnen, doch es gibt Tiere dieser Rasse, die äußerlich kaum vom Wolf zu unterscheiden sind.

Seite 136/137: Der American Escimo Dog ist ein Nachfahre des prähistorischen Torfhundes. Vermutlich war der Torfhund mit eine der ersten Hunderassen, die durch die gezielte Selektion des Menschen aus dem Wolf entstand.

die sie an ihre Besitzer stellen, sind nicht vergleichbar mit denen eines Labradors. Daran scheitern viele Halter und so landen Wolfshunde immer wieder in Tierheimen und Notvermittlungen – für einen Hund, der sich vollends an einen Menschen bindet, eine Katastrophe.

NICHT GESELLSCHAFTSFÄHIG Vorsicht ist geboten, wenn Züchter, vor allem amerikanische, Wolfshybriden anbieten, also direkte Nachkommen aus einer Wolf/Hund-Verpaarung. Sie sind unberechenbar. In freier Wildbahn stehen Wölfe Hunden normalerweise aggressiv gegenüber und paaren sich nur mit ihnen, wenn das Rudelleben in irgendeiner Weise gestört ist. Meist ist es die Verfolgung durch den Menschen, die die Wolfspopulation zusammenbrechen lässt und den Wölfen die Suche nach einem Paarungspartner enorm erschwert. In solchen Fällen kann es durchaus vorkommen, dass ein Wolf sich mit einem Hund verpaart. Die aus dieser Liaison entstandenen Hybriden bedrohen in freier Wildbahn die Population der Wölfe. Ihnen fehlen die Eigenschaften des Wolfs, die für ein funktionierendes Rudelleben nötig sind. Damit werden sie zur Gefahr für den wilden Bruder. Sie besitzen weder das hoch entwickelte Sozialverhalten noch die fein abgestimmten Kommunikationsmechanismen der Wölfe. Generell verhalten sie sich im negativen Sinne egoistisch und vernachlässigen Rudelmitglieder – sollten sie im Rudel leben. Sie sind nicht in der Lage, ihr Handeln situationsgemäß abzustimmen, so wie es für Wölfe normal ist, und verbrauchen dadurch mehr ihrer Energie, vor allem wenn sie sich auf kräftezehrende, unsinnige Auseinandersetzungen einlassen. In all diesen Punkten können Hybriden nicht mit den Fähigkeiten der Wölfe konkurrieren, dennoch sind sie für den Wolf in der Natur ein Konkurrent um Lebensraum und Nahrung.

MARODIERENDE TRUPPEN Sind die „echten" Wölfe erstmal aus der Natur verschwunden, übernehmen die Hybriden das Zepter und besetzen die ökologische Nische der Wölfe, obwohl sie nicht optimal an ein Leben in freier Wildbahn angepasst sind. Ihnen fehlt die angeborene Scheu der Wölfe und es wird berichtet, dass sie wesentlich aggressiver sind – auch gegenüber Menschen. Sie vergreifen sich häufiger an Haustieren als Wölfe, da ihre unvorteilhafte Jagdtechnik sie dazu verdonnert. Mit dem Erlegen von Wildtieren haben sie große Schwierigkeiten, denn die meisten Hybriden jagen wie Hunde: Sie hetzen dem Wild laut bellend hinterher, scheuchen es dadurch früh auf und vermasseln sich folglich die Chance eines weitgehend unentdeckten Angriffs. Das Wild jagen sie, im Gegensatz zu Wölfen, die ihre Chancen immer wieder ausloten, über weite Strecken – eine reine Energieverschwendung. Ebenso wenig wie an die freie Wildbahn sind Wolfshunde an das Leben mit Menschen angepasst, obwohl sie sich am besten in von Menschen stark veränderten Lebensräumen entwickeln; Grund dafür ist das höhere Aufkommen leicht zu erlegender Haustiere.

HYBRIDEN DER VANCOUVER ISLAND Versucht man eine Region wolfsfrei zu halten, läuft man Gefahr, dass dieses Gebiet von „Monsterwölfen" erobert wird, so meinen kanadische Forscher. Durch Zufall entdeckten sie Kadaver von Tieren mit Wolfsfell, die aber genetisches Material von Hündinnen aufwiesen. Eine von der Regierung von Britisch Kolumbien durchgeführte Tötungskampagne für Wölfe führte in den späten 70ern bis in die frühen 80er Jahre zu solchen Monstern. Damals sollten alle Wölfe der Insel getötet werden, damit Sportjäger es leichter haben, Schwarzwedelhirsche, die Hauptbeute des Wolfs, zu schießen. Einige der Wölfe versuchten auf dem Festland neue Territorien für sich zu erobern, fanden dort aber keine Paarungspartner. Daher verpaarten sie sich mit streunenden Hunden. Die Nachkommen waren Hybriden aus Wolf und Hund und solche gab es in der Natur bis dahin noch nie; unter Aufsicht von Menschen wurden und werden solche Wesen jedoch gezüchtet, obwohl viele Tierschutzorganisationen sie als gefährlich einschätzen. Forscher befürchten, dass diese „Monster" sich auch auf Vancouver Island ausbreiten könnten, wenn die Tötungsaktionen für Wölfe wieder aufgenommen und über längere Zeit durchgeführt werden. Das Problem mit dem Wolf würde durch ein noch größeres Problem mit Hybriden ersetzt werden. Daher sollten Wolfskontrollprogramme nicht lapidar angeordnet werden, denn die Konsequenzen auf lange Sicht sind nicht abzuschätzen.

HYBRIDEN	WÖLFE
körperlich überlegen und aggressiv	kleiner und familienorientiert
Verdrängung der unterlegenen Wölfe	

WOHNZIMMERWOLF Für die meisten Wolfs- und Hundeexperten ist die Haltung von Hybriden in menschlicher Hand schlicht unverantwortlich und sogar tierschutzrelevant. Forscher warnen generell vor Verpaarungen zwischen Wolf und Hund, denn zu welchen Teilen wölfisches und zu welchen hündisches Verhalten durchschlägt, ist nicht abzuschätzen. Da hilft auch ein Blick auf das Äußere des Tieres nichts, denn man sieht ihm nicht an, in welche Richtung sein Charakter schlägt. Ein Wolfshund kann aussehen wie ein Hund, aber das Verhalten eines Wolfs zeigen und umgekehrt.

Hybriden sind genauso wenig wie Wölfe in der Lage, in reizüberfluteten Lebensräumen stressfrei und gut klar zu kommen. Ihnen fehlen die genetischen Voraussetzungen dafür, die der Mensch dem Hund über sehr lange Zeit angezüchtet hat.

Sie sind scheuer als Hunde, ängstlicher, schreckhafter und aggressiver. Ihr Aggressionsverhalten ist im Gegensatz zu dem des Hundes kaum beeinflussbar und dadurch erachtet man sie als sehr viel gefährlicher als Hunde. Durch ihre Schreckhaftigkeit und Ängstlichkeit sind sie in der Obhut des Menschen in unserer heutigen Gesellschaft kaum oder gar nicht in der Lage, sich zu entspannen, und das bedeutet für das Tier ständigen Stress. Eine artgerechte Haltung ist damit nicht möglich. Ist es unter diesen Gesichtspunkten wirklich sinnvoll, Hybriden zu züchten und sie zu halten? Oder sollte man aus Liebe zu den Wölfen nicht besser darauf verzichten und sich auf „Alternativrassen" konzentrieren?

PLATZ UND RUHE In seinem Verhältnis zum Menschen hat es dem Wolf weder genützt, dass er der Stammvater des Hundes ist, noch dass er zu den stärksten und überlebensfähigsten Wildtieren überhaupt gehört. Selbst wenn er sich noch so gut tarnen und anpassen kann, solange der Mensch ihm nicht den nötigen Platz und die Ruhe einräumt, die er braucht, hat er in unserer westlichen Kulturlandschaft mit Straßennetzen, Wanderrouten und Jägerhochsitzen nur eine geringe Chance. Wird ihm der Mensch diesen Platz gewähren? Wahrscheinlich nur, wenn er sich über Isegrim informiert, Ängste und Vorurteile abbaut und mit dem Wissen lebt, dass jeder, auch der Wolf, eine Existenzberechtigung hat. Nur dann wird er in der Lage sein, sich ein neues, unemotionales Bild von der ehemaligen Bestie zu machen.

WITZFIGUR WOLF Doch bis dahin ist der Weg noch weit, denn auch die modernen Märchen haben das neue Wunsch-Image des Wolfs noch nicht verinnerlicht: Ein bisschen vertrottelt sieht er aus, mit der Sahnetorte im Gesicht, die ihm die drei Schweinchen am Anfang dieses Kapitels ins Gesicht warfen. Doch der Angriff der Schweinchen reizt die Mordlust des Wolfs noch mehr und es beginnt eine wilde Verfolgungsjagd. Der Gewinner: Die drei Schweinchen – natürlich – auch wenn sie Federn lassen mussten. Der Verlierer: Der Wolf – natürlich – zerzaust, gedemütigt, mit geknicktem Schwanz zieht er ab, der alte Bösewicht - ein Ende der Geschichte, wie es im Mittelalter nicht hätte anders ausfallen können.

COMICWÖLFE Wer kennt sie nicht, die Comics von „Fix und Foxi", den beiden kleinen schlauen Füchsen. Sie erleben ihre Abenteuer zusammen mit Lupo, Oma Eusebia und Lupinchen, drei Wölfen. Auch bei „Fix und Foxi" ist der Wolf nicht unbedingt ein Held. Lupo ist zwar kein Bösewicht, aber richtig gut kommt er trotzdem nicht weg. Er ist liebenswert, dennoch ein Schmarotzer, Vielfraß, Taugenichts und Lebenskünstler mit leichtem Hang zur Kriminalität.

In der russischen Comicserie „Hase und Wolf", die lange im DDR-Fernsehen lief, waren die Rollen ebenfalls klar verteilt. Der Hase, schlau und gut, versuchte sich ständig gegen die hinterlistigen Angriffe des bösen, tollpatschigen Wolfs zu wehren. Die beiden waren quasi das russische Pendant zu „Tom und Jerry".

Im Comic „Wölfe" sind die grauen Jäger Vorboten des Todes. Sobald sie nachts auftauchen und heulend um das Haus des Marquis von Balayrac schleichen, wird eines seiner Familienmitglieder in absehbarer Zeit sterben. In dem japanischen Comic „Wolf's Rain" haben Wölfe hingegen keinen bösen, hinterlistigen Charakter. Auf ihrer Suche nach einem paradiesischen Ort begeben sie sich in die Städte unter die Bevölkerung. Allein ihre mysteriöse Fähigkeit, dass Menschen sie als ihresgleichen wahrnehmen, schützt die Wölfe vor den arglistigen Männern, die sie töten wollen.

Genauso häufig wie in Comics tritt das Wolfsmotiv in der modernen Literatur auf: im „Dschungelbuch", bei Jack Londons „Ruf der Wildnis" oder in „White Fang". In diesen Büchern gehört der Wolf zu den Guten. Bei Hermann Hesses „Steppenwolf" hingegen dient das Wolfsmotiv als Metapher für die triebgesteuerte Seite des einsamen und menschenscheuen Protagonisten.

FILMSTAR Vor allem in den 80er Jahren machte der Wolf als Filmstar Karriere, indem er als alles tötender Werwolf in „American Werewolf" über die Leinwand flimmerte. Die Werwolffilme verbesserten das Image des Wolfs wirklich nicht und sie erfreuen sich bis heute großer Beliebtheit. Der aktuellste Film über einen Werwolf ist „Wolfman". Wie nicht anders zu erwarten, geht es auch hier um eine blutrünstige Bestie.

Die Liste der Filme, in denen der Wolf Namensvetter ist, ist lang. Von „Das Imperium der Wölfe" über „Tal der Wölfe", „Der mit dem Wolf tanzt" oder „Pakt der Wölfe" bis hin zu „Wolf Creek" – sobald das Wort „Wolf" im Titel steht, kann man davon ausgehen, dass es blutrünstig wird. Meist sind es Horrorfilme, Thriller oder Filme mit politischem Thema, indem die Bösewichte unter dem Synonym des Wolfs agieren. Nur wenige Leinwandstreifen wie „Kim und die Wölfe" oder „Der Junge und der Wolf" ranken sich um echte Wölfe und deren Geschichten. Leider sind diese Filme nahezu unbekannt.

Der nächste mit Spannung erwartete Streifen mit Bezug auf den Wolf ist das von Leonardi DiCaprio verfilmte Märchen „Rotkäppchen", für den die Vorbereitungen bereits auf Hochtouren laufen. Wen wundert es: es wird ein düsterer Film.

Seite 142/143: In den abgelegenen Bergregionen in Kanada fand der Wolf Schutz vor Giftkampagnen und Hetzjagden.

MITEINANDER LEBEN LERNEN Aus Literatur und Kino verschwand der Wolf nie, aus unserer Natur schon. Jetzt da er wieder zurückgekehrt ist, müssen wir lernen, mit ihm zu leben. Vor allem Bauern und Jägern fällt es schwer, sich an den Wolf zu gewöhnen, denn im Gegensatz zum Stadtbewohner gibt es direkten Kontakt. Die Jäger haben Angst, dass er ihnen ihr liebstes Hobby nimmt. Die Bauern fürchten um ihr Vieh. Sind ihre Bedenken berechtigt?

DES JÄGERS LIEBSTES HOBBY In Zeiten, in denen Isegrim in unseren Breiten fehlte, übernahmen die Jäger seine Aufgabe. Jetzt jagen sie das Wild und halten dessen Bestände unter Kontrolle. Da ist kein Platz für den Rückkehrer; womöglich nähme ihnen der Wolf die Beute, rottet sie teilweise sogar aus. Doch nicht alle glauben das. In der ostdeutschen Oberlausitz rückte man dem Problem rein rechnerisch zu Leibe: Die Jäger in diesem Gebiet erlegen auf gleicher Fläche etwa zehnmal soviel Rot- und Schwarzwild wie die Wölfe. Und obwohl die Wölfe nahezu ebenso viele Rehe erbeuten wie die Jäger, ist die Zahl der Abschüsse so gut wie unverändert. In den meisten Jagdrevieren in Deutschland ist Wild so zahlreich, dass der Wolf es nicht merklich dezimieren kann. Von Ausrottung kann also keine Rede sein. Das Konkurrenzproblem der Jäger ist also kein Thema, zumal der Wolf für die Arbeit des Jägers kein Ersatz ist. Das Beutespektrum des Wolfs ist nämlich ein anderes als das des Jägers. Der Jäger kann mit seinem Gewehr aus der Entfernung auch gesunde, ausgewachsene Tiere töten, der Wolf kann das nicht. Er ist auf die kranken, schwachen, alten oder jungen Tiere als Opfer angewiesen. Im Yellowstone Nationalpark in den USA haben die von Wölfen erlegten Hirsche ein Durchschnittsalter von 14 Jahren. Bei von Jägern geschossenen Tieren liegt das Durchschnittsalter bei etwa sechs Jahren. Das gilt nicht nur für die USA, sondern vermutlich für alle Wolfs- und Jagdgebiete der Welt.

NUTZTIERE UND WOLF Auch die Bedenken der Bauern gegen den Wolf sind nicht gerechtfertigt. Sie müssten sich nur alter Traditionen erinnern. In vielen ländlichen Gebieten Europas leben Wölfe schon immer, auch in relativ dicht besiedelten Kulturlandschaften, ohne größere Probleme zu verursachen. Beliebte Urlaubsländer wie Spanien, Italien, Griechenland und viele ehemalige Ostblockstaaten wie Rumänien oder Polen gehören dazu. Erstaunlicherweise ist in diesen Ländern die Haltung von Nutztieren in Gegenwart der Wölfe nicht grundsätzlich unmöglich. Seit Beginn der Viehhaltung versuchen die Menschen, den Wölfen den Zugriff auf ihre Herden zu erschweren. Entsprechende Vorkehrungen können die Verluste an Nutztieren auf ein erträgliches Maß reduzieren. Diese wurden Jahrtausende lang angewandt und sind auch heute noch effektiv. In Ländern wie Deutschland oder der Schweiz, wo der Wolf lange Zeit verschwunden war, muss sich die Bevölkerung nur an diese Maßnahmen erinnern oder über die Möglichkeiten des Schutzes ihrer Haustiere gegen Wölfe informiert werden. Vergleichende Untersuchungen über Nutztierverluste durch Raubtiere in verschiedenen Regionen des heutigen Europa erzielten ganz erstaunliche Ergebnisse: Weder die Anzahl der in einem Gebiet vorkommenden großen Beutegreifer wie Wolf, Luchs, Bär oder Vielfraß, noch die Anzahl der Nutztiere ist für die Höhe der Verluste an Nutztieren ausschlaggebend. Entscheidend ist, ob und wie die Nutztiere vor Angriffen der Beutegreifer geschützt werden. Nachtställe, Elektrozäune sowie Herdenschutzhunde sind effektive Schutzmaßnahmen. Mit der Rückkehr von Wolf & Co. nach Deutschland macht es Sinn, die traditionellen Methoden des Herdenschutzes bei uns wieder einzuführen und sie mit neuartigen Methoden wie Elektrozäunen zu kombinieren. Nur wenn die Bauern und Viehzüchter bereit sind, solche Maßnahmen zum Schutz ihrer Haustiere zu ergreifen, hat der Wolf eine Chance, wenn nicht geliebt, zumindest geduldet zu werden.

VERANTWORTUNGSVOLLES HANDELN Vor allem Schafe und Ziegen sind wegen ihrer geringen Körpergröße, ihrem kaum vorhandenen Verteidigungs- oder Fluchtvermögen und ihrer oft extensiven Freilandhaltung gefährdet. Jeder Schafhalter, der weiß, dass die Wölfe in seine Region zurückgekehrt sind, handelt verantwortungslos, wenn er seine Schafe nachts auf einer Weide am Waldrand stehen lässt – selbst wenn es ganz in der Nähe seines Gehöftes ist. Pferde und Rinder dagegen werden aufgrund ihrer Wehrhaftigkeit und ihres oft gut funktionierenden Herdenverhaltens viel seltener angegriffen.

HERDENSCHUTZMASSNAHMEN Die am leichtesten umzusetzende Maßnahme zum Schutz der Viehherden gegen den Wolf sind Zäune, am besten Elektrozäune. Der Zaun funktioniert nach dem Prinzip der aversiven Konditionierung. Versucht ein Wolf den Zaun zu überwinden, erhält er einen schmerzhaften elektrischen Schlag. Diesen verbindet er mit dem Berühren des Zaunes beziehungsweise der Anwesenheit der Schafe oder Ziegen und wird diese Weide in Zukunft meiden. Wölfe können sehr gut springen, deswegen sollte der Zaun mindestens 1.40 Meter hoch sein. Auch wenn bei dieser Höhe nicht ganz auszuschließen ist, dass er ihn überspringen kann. Damit kein Räuber unter ihm durchkriechen kann, muss er bis auf den Boden reichen. Der Wolf ist scheu, aber schlau und deswegen sollte der Zaun nie lange ohne Strom sein, denn Isegrim lernt schnell, dass ein stromloser Zaun harmlos ist. Eine aversive Konditionierung erreicht man auch, indem man Wölfe mit Gummigeschossen beschießt, sobald sie sich der Herde nähern. Dabei ist es wichtig, dass der Wolf den Menschen nicht sieht, denn sonst verknüpft er den Schmerz durch die Kugeln mit dem Menschen und nicht mit den Haustieren.

LAPPEN GEGEN WÖLFE Von der Wolfsjagd in Osteuropa schaute man sich die Arbeit mit dem Lappenzaun ab. Wölfe sind sehr skeptisch und ängstlich gegenüber unbekannten Geräuschen und Gegenständen. Daher ist eine frei gespannte Schnur, an der im Abstand von einigen Zentimetern rote, rechteckige Lappen

hängen, für sie unüberwindlich. Weder überspringen die Wölfe diese Schnur, noch kriechen sie unter ihr durch – warum das so ist, weiß man nicht. Doch auch hier gilt: Haben die Wölfe Zeit, sich daran zu gewöhnen, verlieren sie ihre Angst. Ein Lappenzaun eignet sich daher nur zur kurzfristigen Abwehr; wildernde Hunde oder Luchse lassen sich von Anfang an nicht von diesen Zäunen beeindrucken.

Weitere kurzfristig wirksame Methoden sind Tonbandgeräte mit Hundegebell, Warnschusslaute oder am Zaun festgebundene Luftballons.

SCHUTZESEL Esel haben eine natürliche Abneigung gegen Hundeartige. Mit ihrem feinen Gehör und ihrem guten Sehvermögen entdecken sie Füchse, Hunde und Wölfe schon früh und tun dies mit ohrenbetäubenden Schreien und Huftrampeln kund. Durch gezielte Bisse und Tritte schlagen sie die Eindringlinge in die Flucht. Die Herde, die ein Esel bewachen soll, darf allerdings nicht zu groß sein. Die Gefahr eines Angriffs auf einzelne Tiere, die nicht im Einflussbereich des Esels stehen, wäre zu groß. Da Esel normalerweise in Gruppen leben, sollten mindestens zwei Esel zusammen gehalten werden – das ist artgerechter als die Einzelhaltung.

Die Nachteile der Schutzeselhaltung sind Mehrarbeit und der finanzielle Aufwand für

den Schäfer, denn Esel müssen zusätzlich zu ihrer Arbeit als Herdenschützer täglich bewegt werden, Lasten tragen, Wagen ziehen oder sonstige Arbeiten verrichten. Es bedarf regelmäßiger Fell- und Hufpflege und die Kosten für das zusätzliche Futter sollten ebenfalls nicht unterschätzt werden.

HERDENSCHUTZHUNDE Eine der ältesten Methoden, Vieh gegen Beutegreifer zu schützen, ist der Einsatz von Herdenschutzhunden.

Links: Eine typische Schafherde in den Karpaten mit Hirte, Hüte- und Herdenschutzhunden. Rechts: Die Bellfreudigkeit des Maremmano ist wichtig für seine Arbeit. So warnt er die Schafe und den Hirten vor Gefahren.

Seite 148/149: Ohren aufmerksam nach vorn, geduckte Körperhaltung und fixierender Blick: dieser Wolf ist auf der Jagd.

Seit der Domestizierung von Schafen und Ziegen vor ungefähr 6.000 Jahren gibt es auch Herdenschutzhunde. Während die kleineren, agilen Hüte- und Schäferhunde die Aufgabe haben, die Schafe in die vom Schäfer gewünschte Richtung zu treiben, sind die großen und wehrhaften Herdenschutzhunde allein dafür zuständig, die Herde gegen Angreifer zu verteidigen. Es gibt rund 50 Herdenschutzhunderassen aus 27 Ländern. Die bekanntesten sind der französische Pyrenäenberghund, der spanische Mastiff, der slowenische Kuvac, der russische Owtscharka und der ungarische Komondor. Erstaunlicherweise gehört auch der Schweizer Bernhardiner dazu, der vor seiner Karriere als Fässchen tragender Touristenretter als Beschützer für Schaf- und Ziegenherden eingesetzt wurde. Alle Herdenschutzhunde bestechen durch ihr imposantes Äußeres: Sie sind groß, haben einen massigen, aber wohlproportionierten Kopf, Hängeohren und ihre Fellfarbe ist meist, aber nicht immer, weiß. Seit hauptsächlich Schafe mit heller Wolle gezüchtet wurden, hat sich eine helle Fellfarbe bei den Hunden bewährt: Der Hirte kann den Hund gut von einem Wolf unterscheiden und der Wolf den Hund zwischen den Schafen nicht sofort erkennen.

Herdenschutzhunde haben drei besondere Eigenschaften, die sie dazu befähigen, Schaf- oder Ziegenherden zu beschützen. Zum einen ist es ihre Achtsamkeit; damit ist die Bindungsfähigkeit des Hundes an „seine" Schafe gemeint. Fast nie verlässt der Hund für längere Zeit die Herde und sollte er dennoch einen kurzen Streifzug in die Umgebung unternehmen, kommt er freiwillig zurück, denn die Herde bietet ihm die Gesellschaft, die er als soziales Tier braucht. Zum anderen sind die Hunde ihren Schafen gegenüber sehr loyal. Ihnen fehlt der Jagdtrieb, den eine Schafherde bei den meisten anderen Hunderassen auslösen würde. Nur deshalb kann der Hund ständig, auch ohne Kontrolle durch den Menschen, unter den Schafen leben. Das Verhalten der Hunde gegenüber den Schafen ist unterwürfig; sie greifen nie, wie Hütehunde es tun, in die Aktivitäten der Schafe ein. Die dritte Eigenschaft, die sie für diese Aufgabe prädestiniert, ist ihr Schutzverhalten. Sie reagieren schnell und zuverlässig auf Störungen von außen, vor allem nachts. Auf Angriffe oder Bedrohungen reagieren sie mit Imponierverhalten, Bellen und Scheinangriffen. Zu aggressiven Auseinandersetzungen mit Körperkontakt zwischen Hund und Beutegreifer kommt es nur selten. Nähert sich ein Angreifer der Herde, stellen sich die stärksten Herdenschutzhunde zwischen die Eindringlinge und die Schafe. Die kleineren Hunde schützen die Flanken der Herde und bleiben eher in der Mitte der Schafherde. Die Hunde agieren bei der Verteidigung völlig unabhängig vom Menschen – sie brauchen keine entsprechenden Befehle.

Die bloße Anwesenheit von Herdenschutzhunden hält Wölfe von einem Übergriff ab. Zwar belauern sie eine Herde, doch die Kontrollgänge der Hunde, ihre Reviermarkierungen durch Kot und Urin und das lautstarke Bellen beeindrucken die Wölfe nachhaltig.

WELPE UNTER SCHAFEN Damit die Hunde von klein auf ihre Schafe kennen lernen, werden sie ab dem Welpenalter im Schafstall zwischen den Schafen gehalten. Dadurch entwickelt sich eine starke Zugehörigkeit zu ihren Schutzbefohlenen. Die Hunde sehen die Schafe als Rudelmitglieder, sie gehören zu ihrem Territorium und werden deswegen vehement gegen potentielle Angreifer verteidigt. Gut ausgebildete Hunde stellen einen effektiven Schutz der Herde vor zwei- und vierbeinigen Viehräubern dar. Da sie auch fremde Menschen als Bedrohung empfinden, sollten Wanderer, Jogger und Biker durch Schilder vor ihnen gewarnt werden. Beachten die jedoch einige Verhaltensregeln gegenüber den Schutzhunden, droht keine Gefahr.

Bis die Hunde aber mit etwa eineinhalb bis zwei Jahren zuverlässig arbeiten, muss der Schäfer einen nicht zu unterschätzenden Betreuungsaufwand leisten.

SELBSTSTÄNDIG Herdenschutzhunde werden seit Jahrhunderten darauf gezüchtet, selbstständig zu arbeiten. Der Hund gehört zu den Schafen oder Ziegen und nicht zum Menschen. Dennoch sollten die Hunde ihrem Herrn zumindest in Grundzügen gehorchen. Die Erziehung eines Herdenschutzhundes ist eine Gratwanderung zwischen zu viel und zu wenig Kontakt zum Besitzer. Ist der Hund zu sehr auf seinen Herrn fixiert, wird er das selbstständige Arbeiten teilweise aufgeben. Zeigt er hingegen keinerlei Interesse an seinem Besitzer und widersetzt er sich diesem, wird der Schäfer es schwer haben, den Hund zu führen oder ihn alleine im Auto mitzunehmen, zum Beispiel wenn ein Tierarztbesuch ansteht. Großes Fingerspitzengefühl ist also nötig, um einen Herdenschutzhund optimal auszubilden.

Den besten Schutz für eine Herde bietet die Kombination aus Herdenschutzhunden und Elektronetzzäunen. In dieser Kombination können Herden auch nachts gefahrlos auf der Weide gehalten werden.

EINE CHANCE FÜR DEN WOLF Der in der Stadt lebende Ottonormalbürger wird wahrscheinlich nie in seinem Leben einen Wolf in freier Wildbahn zu Gesicht bekommen. Auch nicht in nachweislichen Wolfsgebieten, denn der große Graue ist scheu und lebt im Verborgenen. Wahrscheinlich fallen deswegen die Umfragen bezüglich der Rückkehr des Wolfs für Isegrim hier positiv aus.

Bei den Bauern sieht das anders aus: Natürlich wird der ein oder andere das ein oder andere Schaf verlieren, doch mittlerweile gibt es sogar Ausgleichszahlungen, die solche Verluste kompensieren. Zudem sind immer mehr Länder dazu bereit, auch die Kosten für einen Herdenschutzhund und seinen Unterhalt zu bezahlen. Denn der Schutz von Großraubtieren ist eine gesellschaftliche Aufgabe. Wenn jeder ein wenig zurücksteckt und alle zusammenrücken, um ein bisschen Platz für den Wolf zu machen, hat er vielleicht die Chance auf eine neue Zukunft.

NEUES
VOM WOLF

5

WÖLFE IN DEUTSCHLAND Nur etwa 100 Jahre lang gab es in Deutschland keine Wölfe. Unsere Urgroßmütter wuchsen noch mit der Gewissheit auf, dass der große, graue Jäger in ihrer unmittelbaren Nähe lebt. Doch der Wolf blieb den meisten Menschen verborgen. Wo immer er aber entdeckt wurde, gab es Ärger. Denn meist erwischte man ihn dabei, wie er sich an den Schafen und Ziegen der Menschen vergriff. Und so blieb es nicht aus, dass der Mensch, der den Wolf einst zu seinem Begleiter machte, ihn als Konkurrent ansah und versuchte, den großen Grauen um die Ecke zu bringen. Vielleicht war es nicht nur die Angst vor dem Verlust der Haustiere, die den Menschen dazu trieb, sondern auch der Neid, vieles nicht zu beherrschen, was der Wolf kann. Die soziale Struktur des Wolfs, seine Familie funktioniert, seine Jagdstrategien sind wohl überlegt und er kann mit allen Sinnen perfekt kommunizieren. Er verkörpert den vollendeten Jäger, der auf leisen Sohlen nachts umherschleicht, um Schafen, Ziegen oder sogar kleinen Kindern gefährlich zu werden – so das Bild des Menschen. Sein Heulen in einsamen Nächten lässt uns das Blut in den Adern gefrieren und der bloße Anblick seiner gelb-leuchtenden Augen und des mächtigen Gebisses verursacht Albträume. Kein Wunder, dass dem Wolf der Mythos, ein grauenvolles, vom Satan geschicktes Geschöpf zu sein, dauerhaft anhing. Dieser Mythos wurde von Generation zu Generation weitergegeben.

TREIBJAGD Ohne dass er etwas dafür konnte, wurde der clevere Jäger zum Hassobjekt. Um 1650 erreichte die Abneigung gegen ihn ihren Höhepunkt: Die ersten Feldzüge im Kampf gegen den Wolf wurden angeordnet. 1653 setzte zum Beispiel die Landesregierung Schleswig-Holsteins hohe Prämien für die Ausrottung der Wölfe aus. Für jeden erlegten Altwolf zahlte sie sechs, für jeden Jungwolf zwei Taler. Als klar wurde, dass das Ziel, die Ausrottung der Art, so nicht erreicht werden konnte, richteten die Behörden groß angelegte Treibjagden aus. Die Männer der entsprechenden Gegenden wurden amtlich zur Teilnahme an diesen Jagden verpflichtet. Sie hoben etwa drei Meter breite Löcher im Boden aus, die sie mit Reisig abdeckten. In die Mitte steckten sie einen Pfahl, auf dem ein Stück Fleisch aufgespießt wurde. Die Wolfsgrube umgab ein Zaun, den der Wolf überspringen oder unter ihm durchkriechen musste, um an den Fleischköder heranzukommen. Dabei stürzte das Tier in das Erdloch und konnte später vom Rand aus leicht erlegt werden. Manche dieser Gruben waren mit spitzen Pfählen gespickt, so dass der Wolf sich beim Hineinfallen selbst pfählte; so sparte man sich die Mühe, den Wolf zu töten. Es gab auch Stangen, auf denen Köder befestigt waren. Schnappte sich der Wolf den Köder, löste er einen Mechanismus aus, durch den sich vier mit Widerhaken besetzte Stäbe in seinen Rachen bohrten – der Wolf verendete qualvoll. Auf so genannten Luderplätzen wurden alte oder kranke Pferde angebunden, um

In Kirgisistan wurde der Wolf traditionell zu Pferd mit Pfeil und Bogen gejagt. Die Jäger wurden dabei von einem Adler und dem Taigan, einem kirgisischen Jagdhund begleitet. Heute wird hauptsächlich mit dem Gewehr gejagt.

Seite 156/157: Immer mehr Wölfe folgen den alten Wolfspfaden und kehren in ihre früheren Verbreitungsgebiete zurück.

den Wolf anzulocken. Mit Gedärmen legte man eine Spur zu den Pferden, um dem Wolf den Weg zu weisen. Machte sich Isegrim über die angebundenen Tiere her, wurde er aus dem Hinterhalt erschossen. Schlimmer noch als das war das Vergiften. Dazu wurden Fleischstücke ausgelegt, die mit Strychnin versetzt waren und den Wolf nach einigen Stunden töteten, eine Methode, die auch heute noch in einigen Ländern praktiziert wird. Man ließ nichts aus, um den Wolf zu vernichten.

GEDENKSTEINE So sehr sich die Menschen bemühten, es gelang ihnen nicht, den Wolf auszurotten: 200 Jahre später lebten zwar nur noch wenige Tiere auf deutschem Boden, aber der Wolf ließ sich nicht klein kriegen – einzeln und versteckt überlebte er. Die Population konnte es aber nie mehr auf nennenswerte Zahlen bringen. Das zog sich so bis ins 20. Jahrhundert hinein – immer von seinem Erzfeind, dem Menschen, verfolgt und gehetzt. Der letzte frei lebende Wolf Deutschlands wurde 1904 im sächsischen Teil der Lausitz erschossen. Es gab viele „letzte" Wölfe, in jeder Region mindestens einen. Nahezu jeder dieser letzten Wölfe ging als „letzter Wolf" in die jeweilige regionale Geschichtsschreibung ein. Die Abschussorte wurden mit Gedenksteinen für die Nachwelt markiert. Jeder sollte wissen: Er ist weg!
Von da an war er nur noch Ausstellungsstück im Zoo oder Heimatmuseum. Im Vergleich zu den Jahrtausenden, in denen die Wölfe in Deutschland lebten, sind 100 Jahre ohne ihn nichts – doch in dieser Zeit hat sich einiges geändert. Die Menschen und Tiere in den Wäldern sowie in Kulturlandschaften haben sich an das Fehlen des letzten großen Räubers – Bären sind schon länger aus unserem Leben verschwunden – gewöhnt.

DER WÜRGER VOM LICHTENMOOR Nach dem 2. Weltkrieg tauchten vereinzelt wieder Wölfe auf der Suche nach einem Territorium und Geschlechtspartnern in Deutschland auf – wahrscheinlich kamen sie aus dem Osten. Sie fanden ihren Weg im zerstörten Land bis in die Städte. Alle, die entdeckt wurden, wurden erschossen. Kein Wunder, denn der Mensch musste jetzt selbst ums Überleben kämpfen. Ein Wolf konnte zur Gefahr und zur Konkurrenz um das tägliche Brot werden. Alte Mythen und Sagen hatten in diesen Zeiten Hochkonjunktur und so entstand aufs Neue eine gruselige Geschichte, die des Würgers vom Lichtenmoor: Anfang Mai 1948 fielen fast jede Nacht in den weiten Heide- und Moorgebieten rund um das niedersächsische Lichtenmoor Schafe, Rinder und Wildtiere einer bis dahin unbekannten Bestie zum Opfer. Über 200 Tiere sollte sie auf dem Gewissen haben. Die Bevölkerung lebte in ständiger Angst und Sorge um ihr Vieh. Man glaubte, dass ein Puma, ein Tiger – ausgebrochen aus einem zerstörten Zoo – oder ein Vielfraß sein Unwesen trieb. Auch eine Löwin mit zwei Jungen will man gesehen haben. Die Suche nach einem Schuldigen begann. Täglich machten sich Hunderte von Männern, Bauern, Jäger und die Polizei auf die Jagd nach dem Untier. Dann am

DER WÜRGER VOM LICHTENMOOR Anfang Mai 1948 fielen fast jede Nacht in den weiten Heide- und Moorgebieten rund um das niedersächsische Lichtenmoor Schafe, Rinder und Wildtiere einer bis dahin unbekannten Bestie zum Opfer. Über 200 Tiere sollte sie auf dem Gewissen haben. Man glaubte, dass ein Puma, ein Tiger – ausgebrochen aus einem im Krieg zerstörten Zoo – oder ein Vielfraß sein Unwesen trieb. Auch eine Löwin mit zwei Jungen will man gesehen haben. Täglich machten sich hunderte von Männern, Bauern, Jäger und die Polizei auf die Jagd nach dem Untier. Dann am 27. August 1948 erlegte der Bauer Herrman Gaatz aus Eilte den Würger vom Lichtenmoor – einen Wolfsrüden von beachtlicher Größe. Durch dessen Tod war die Angelegenheit für die Menschen erledigt; keiner zweifelte an der Schuld Isegrims. Doch war der Wolf sicherlich nicht für das Gemetzel unter den Haustiere verantwortlich – mit seinem Abschuss war der menschlichen Furcht und dem Hass aber Genüge getan. Die eigentlichen Würger waren vermutlich Menschen, denn in der Nachkriegszeit war Fleisch knapp und die Zahl der Schwarzschlachtungen nahm.

FAKT	FIKTION

DER WOLF ALS SÜNDENBOCK

Um genügend Nahrung und nichtverwandte Paarungspartner zu finden, benötigt der Wolf ein entsprechend großes Territorium, sowie Wanderwege die von Menschen weitgehend unbeeinflusst sind.

27.08.1948 erlegte der Bauer Hermann Gaatz aus Eilte den Würger vom Lichtenmoor – einen Wolfsrüden von beachtlicher Größe. Durch dessen Tod war die Angelegenheit für die Menschen erledigt; keiner zweifelte an der Schuld Isegrims. Doch war der Wolf sicherlich nicht für das Gemetzel unter den Haustieren verantwortlich – mit seinem Abschuss war der menschlichen Furcht und dem Hass aber Genüge getan. Die eigentlichen Würger waren vermutlich Menschen. Denn in der Nachkriegszeit war Fleisch knapp und die Zahl der Schwarzschlachtungen nahm rasant zu.

NEUE CHANCE Nach Jahrzehnten des Aufbaus wuchs der Wohlstand und damit einhergehend ein neues Bewusstsein für die Natur in Deutschland. Vergessen waren die Geschichten vom Würger und anderen bösen Taten des Wolfs. Die Menschen erinnerten sich an die vergangene heile Welt in unseren Wäldern. Zu ihr gehörten auch die großen Beutegreifer wie Bär und Wolf, deren Aufgaben in der Natur in der Zwischenzeit Jäger übernommen hatten. Doch die schienen andere Interessen zu haben als der Wolf. Für viele stand der Spaß an der Jagd mit im Vordergrund und ein Revier mit großem Wildtierbesatz besitzt einen gewissen Statuswert. Um ständig ausreichend Tiere schießen zu können, wurden und werden die Waldbewohner gehegt und gepflegt. Bereits damals hatte die Zahl des Wildes in beängstigender Weise zugenommen. Rehe, Hirsche und Wildschweine richteten im Winter großen Schaden in den Wäldern an. Die Jäger konnten der Plage kaum mehr Herr werden: Dem musste Einhalt geboten werden. Nichts lag den Naturfreaks näher und den Jägern ferner, als das natürliche Gleichgewicht mit Hilfe der großen Beutegreifer wieder herzustellen. Doch dafür mussten diese erst wieder zurückkommen. Seit 1990, nach der Wende, ist es im wiedervereinigten Deutschland amtlich: Sollten Wölfe tatsächlich den Weg nach Deutschland finden, sind sie willkommen und stehen unter Schutz. Das deutsche Recht regelt seitdem die Existenz des Wolfs so: „Der vorsätzliche Abschuss eines Wolfs ist eine Straftat und wird mit Geldstrafe oder mit Freiheitsstrafe bis zu 5 Jahren geahndet. Für den versehentlichen Abschuss sieht der Gesetzgeber eine Geldstrafe oder eine Freiheitsstrafe bis zu sechs Monaten vor. Darüber hinaus sind jagdrechtliche Konsequenzen wie der Entzug des Jagdscheins oder ein Verbot der Jagd möglich."

WOLFSRECHT Seit 1979 gehört der Wolf dank der Berner Konvention, einer Naturschutzvereinbarung aller europäischen Länder, zu den streng geschützten Tierarten. Zudem sieht die Fauna-Flora-Habitat-Richtlinie der Europäischen Union seit 1992 die Durchführung besonderer Schutzmaßnahmen wie die Erstellung und Umsetzung von Managementplänen und die Einrichtung besonderer Schutzgebiete für den Wolf vor. Nicht nur das Töten, sondern auch das absichtliche Stören und Fangen sowie Beeinträchtigungen im Lebensraum der Wölfe, die für sie kontraproduktiv sein können, sind damit verboten.

HOFFNUNG Es ist seltsam. Gerade in der Lausitz, wo angeblich der letzte Wolf geschossen wurde, tauchte der erste seiner Art wieder auf. Auf dem Truppenübungsplatz Oberlausitz südlich von Bad Muskau gibt es mittlerweile seit Mitte der 1990er Jahre regelmäßig Hinweise auf Wölfe. War es anfänglich nur ein einzelnes Tier, jagten 1998 zwei Wölfe in diesem Gebiet und seit dem Jahr 2000 werden hier sogar regelmäßig Welpen aufgezogen. Jedes Jahr wandern die herangewachsenen ein- bis zweijährigen Jungwölfe ab. Eines dieser Tiere, die „Neustädter Wölfin", hat 2002 ein eigenes Territorium etabliert. Seit September 2004 ist sie mit einem aus Westpolen zugewanderten Wolfsrüden verpaart und zog bis 2008 jedes Jahr Welpen auf. Auf immer größerer Fläche im sächsischen Teil der Lausitz gibt es 2006 drei und seit 2009 sogar sechs Wolfsrudel.

Im brandenburgischen Teil der Lausitz fand man 2009 die ersten Spuren eines Rudels sowie eines welpenlosen Wolfspaares. Ein weiteres Rudel wurde in Sachsen-Anhalt an der Grenze zu Brandenburg nachgewiesen. Für fünf weitere Gebiete in Nordostdeutschland und sogar im nordhessischen Reinhardswald liegen Hinweise auf Wölfe vor – sie sind also auf dem Vormarsch.

Trotz der positiven Entwicklung der Wölfe gibt es einen Wermutstropfen: Immer wieder werden sie erschossen – trotz angedrohter Strafen. Mit Stand November 2009 sollen es neun illegale Abschüsse gewesen sein – eine ganz vage und unbestätigte Zahl, dennoch ist sie zu hoch!

WOLFSPFADE Wölfe benutzten schon seit Urzeiten auf ihren langen Wanderungen bevorzugt sogenannte Wolfspfade. Diese Pfade führten durch relativ breite Korridore mit viel Wald und zudem genügend Beutetieren. Instinktiv folgen auch die heute aus dem Osten zurückkehrenden Wölfe auf ihrem Weg Richtung Westen diesen alten Wolfspfaden. Sie führen durch die großen Wälder und einsamen Ebenen im Osten Europas und Deutschlands, die bis heute weitgehend unberührt geblieben sind.

LAND DER DREITAUSEND SEEN Aus dem Nordosten Polens, dem ehemaligen Ostpreußen, kommen einige der nach Deutschland eingewanderten Wölfe. Hier, aber auch in anderen Regionen Polens, haben sie überlebt. Der Grund dafür ist naheliegend: Das Land war nach dem Krieg stark entvölkert und bis zur Wende 1990 in einer Art Dornröschenschlaf. Kein Wunder, dass sich hier nicht nur Wölfe, sondern auch großes Jagdwild wie Elche, aber auch die Nachzüchtungen von Urpferden, die Tarpane, in freier Wildbahn erhalten konnten. Hunderttausend Hirsche und Wildschweine, eine Million Hasen, eine halbe Million Rehe sowie eine steigende Zahl Wildpferde bieten heute wahrlich mehr als genug Nahrung für einige Wolfsrudel - ein Schlaraffenland für etwa 100 Wölfe. Engpässe entstehen für die Wölfe nur bei der Reviersuche. Die meisten Wolfsreviere in Polen sind bereits besetzt. Darum müssen die Räuber neue Gebiete für sich erschließen. Die Wölfe wandern heute über die polnische Grenze – früher in die DDR, in der sie noch lange Zeit, nachdem es in Westdeutschland keine Wölfe mehr gab, heimisch waren und sogar ganzjährig bejagt werden durften – ins vereinigte Deutschland, wo sie überall unter Schutz stehen.

Wölfe kommen aber nicht nur aus Polen. Auch über die tschechische Grenze finden sie ihren Weg durch den Böhmerwald, den tschechischen Teil des Bayerischen Waldes, nach Deutschland.

KULTURFOLGER Geeignete Lebensräume und eine ausreichende Nahrungsgrundlage sind in vielen ländlichen Regionen in Deutschland vorhanden. Ob die Rückkehr des Stammvaters unserer Haushunde jedoch von Dauer und weiterhin so erfolgreich sein wird wie in jüngster Vergangenheit, liegt allein daran, ob die Menschen die Wölfe in ihrer Nachbarschaft dulden.

Vor allem in großflächigen Naturschutzgebieten, Nationalparks und auf Truppenübungsplätzen finden Wölfe störungsfreie Rückzugsräume und Schutz vor illegaler Nachstellung. Sie sind jedoch keineswegs auf dünn besiedelte Landschaften angewiesen, sondern als Kulturfolger in der Lage, in unmittelbarer Nähe des Menschen zu leben; das zeigen Erfahrungen aus anderen europäischen Ländern.

NATURKONFORM Es gibt immer noch Menschen, die den Wolf nicht in ihrer Nähe haben wollen und daher nach Gründen suchen, ihn abschießen zu dürfen. Einer dieser fadenscheinigen Vorwände ist die angebliche Gefahr für den Menschen und die besondere Aggressivität des Wolfs, die ihn Haustiere töten lässt. Andere Gründe konnten durch Studien widerlegt werden wie zum Beispiel der, dass Wölfe heimische Wildtiere ausrotten. Laut einer Studie aus dem Jahr 2006, die im Auftrag des Senckenberg Museums für Naturkunde Görlitz in der Lausitz angefertigt wurde, verhält sich der Wolf naturkonform: Der Hauptanteil der Wolfsnahrung der untersuchten Wölfe besteht aus Rehen, gefolgt von Rothirschen und Wildschweinen und somit nicht aus Haustieren. Von den gerissenen Beutetieren sind etwa die Hälfte Jungtiere. Pro Tag muss ein Wolf etwa 5,4 Kilogramm Lebendgewicht Beutetier töten, wovon er etwa vier Kilogramm verwerten kann. Zum Überleben braucht er ungefähr alle vier Tage ein Reh. Hochgerechnet auf ein ganzes Rudel bedeutet das: 400 Rehe, 54 Stück Rotwild und 100 Sauen jährlich. Die Zahl der getöteten Haustiere ist im Vergleich dazu verschwindend gering.

EIN FAULER SACK Für die Jagd auf Wildtiere braucht der Wolf eine Menge Energie, deren Einsatz sich oft nicht auszahlt, denn Erfolg ist den Wölfen nicht immer vergönnt. Teilweise müssen sie lange, energiezehrende Wanderungen auf sich nehmen, bevor sie überhaupt ein Beutetier finden, das sie jagen könnten. Wittert der Wolf eine Chance, ohne großen Energieaufwand seine Bedürfnisse zu stillen, nutzt er diese – wie Beispiele aus den USA und Kanada zeigen. Hier haben sich die Wölfe in einigen Regionen schnell und effektiv an ihre Umgebung angepasst. Sie haben gelernt, dass vor allem im Winter das Wandern entlang von geräumten Straßen und Bahngleisen sehr viel leichter ist als das Laufen durch tiefen, nassen Schnee. Sie haben sich die Infrastruktur des Menschen zunutze gemacht und bevorzugen sogar weniger befahrene Strecken. Vor allem die älteren und schwächeren im Rudel profitieren von dieser energiesparenden Art zu Wandern. Doch das ist nicht der einzige Vorteil für die Wölfe; auf Straßen und entlang von Bahnlinien finden sie auch leichter Nahrung: tote Elche, denn auch die haben die Vorteile dieser Reiserouten erkannt. Für Elche gibt es jedoch noch einen anderen Grund, speziell Straßen aufzusuchen: Streusalz. Alle neuronalen Prozesse im Nervensystem der Elche sind auf Salze angewiesen und da diese in pflanzlicher Nahrung nur in kleinen Mengen vorkommen, sind die Tiere ganz wild darauf, das Streusalz im Winter von den Straßen zu lecken. Dabei sind sie so in ihrem Element, dass sie herannahende Autos einfach übersehen. Entlang der Bahntrassen finden Elche zwar kein Salz, jedoch Getreide, das durch kleine Ritzen aus den Transportwagons rieselt, aber auch das Laufen ist hier leichter. Kommt ein Zug, versuchen sie vor ihm zu flüchten, dummerweise auf dem für sie leichtesten Weg: der Bahntrasse. Früher oder später holt der Zug sie ein.

Während der Brunft sind vor allem die Elchbullen auf den Gleisen gefährdet. Testosterongeladen wie sie in dieser Zeit sind, stellen sie sich mutig dem stählernen An-

WAS FRISST EIN WOLF? Ein Europäischer Grauwolf muss, um zu überleben, pro Tag etwa 5,4 Kilogramm Lebendgewicht Beutetier töten. Davon kann er allerdings nur etwa vier Kilogramm verwerten. Das heißt: ein Wolf braucht alle vier Tage ein Reh. In Deutschland besteht ein Rudel durchschnittlich aus acht Wölfen, davon sind vier Welpen, die im Geburtsjahr den halben Nahrungsbedarf eines erwachsenen Wolfs haben. Auf das Jahr hochgerechnet erlegt ein Wolf in der Lausitz also durchschnittlich 65 Rehe, neun Stück Rotwild und 16 Sauen. Für ein ganzes Rudel sind das 400 Rehe, 54 Stück Rotwild und 100 Sauen jährlich.

greifer entgegen – doch diesen Übermut bezahlen sie mit ihrem Leben. Für die Wölfe sind die Kadaver entlang der Bahnstrecken auf der einen Seite ein Segen, auf der anderen ein Fluch. Denn während sie fressen, werden auch einige von ihnen immer wieder von Zügen erfasst. In Kanada ist das sogar die Haupttodesursache für Wölfe.

IM SÜDEN DEUTSCHLANDS Zurück nach Deutschland. Jedes Jahr werden auch hier immer wieder Wölfe überfahren, so wie ein 2006 im Landkreis Starnberg gefundener Wolfsrüde. Dass er überfahren wurde, betrübte damals nur wenige Menschen, die meisten waren sogar froh, denn sie fürchten den Wolf. Erst drei Jahre nach dem Vorfall in Starnberg, im Dezember 2009, werden wieder Spuren eines Wolfs in Bayern gefunden. Im Gebiet um Bayrischzell soll er Rotwild gerissen haben. Fünf Monate später, im Mai 2010 hat er erneut zugeschlagen und angeblich vier Schafe in der Gegend getötet. Das sorgt für Aufruhr unter den Anwohnern. Dass dem Wolf noch mehr Haustiere zum Opfer fallen, kann man nicht ausschließen, doch die Kinder, um deren Leben sich die Menschen sorgen, sind sicher. So versuchen zumindest die Experten die aufgebrachte Bevölkerung zu beruhigen. Ein Crashkurs im Umgang mit dem Wolf muss her: Bauern, Jägern und Förstern wird in aller Eile alles Wissenswerte über den Umgang mit dem Wolf eingetrichtert. Doch die Ressentiments sind hier größer als im Norden Deutschlands: Die Bauern wehren sich, ihre Almen nach dem Vorbild der nord- und mitteldeutschen Bauern zukünftig einzuzäunen und mit Herdenschutzhunden zu schützen. Die Leute in Bayrischzell haben nur einen Wunsch: Der Wolf muss weg! Vor allem auch wegen der Urlauber und Wanderer in der Region. Denn wenn der Wolf die angreift, ist auch noch der Tourismus in Gefahr. Das Beispiel von Bayrischzell zeigt, dass sich an der Reaktion der Menschen auf den Wolf in den letzten Jahrhunderten nicht viel geändert hat. Und das trotz Hightech, Schutzmaßnahmen und Entmythologisierung eines der letzten großen Räuber Europas. Der Mensch hat nichts dazu gelernt.

UMZINGELT Der Wolf, den man in Starnberg fand, kam wahrscheinlich aus Italien über die Schweiz durch den Schwarzwald nach Deutschland. Er wird sicher nicht der einzige sein, der diesen Weg einschlägt, und das ist gut so. Denn für die bisher in Deutschland lebenden Wölfe ist es überlebenswichtig, dass andere nachfolgen. Ihre ganze Zukunft hängt entscheidend vom Nachschub aus den Nachbarstaaten ab. Nur so kann der Genpool des Jägers fit bleiben. Wenn sich die europäischen Wölfe nicht untereinander vermischen, dann wird Inzucht nach einigen Generationen unweigerlich zum Zusammenbruch der Wolfspopulationen führen – alles wäre umsonst gewesen.

VOLKSZÄHLUNG Daher darf der Wolfsschutz nicht erst in Deutschland, dem Ein-

Seite 168/169: Scheinbar warten die beiden Wölfe geduldig darauf, dass der Mensch ihnen wieder genug Platz zum Leben einräumt.

BAHNDAMMWOLF Das Leben in der Wildnis ist nicht einfach für die Wölfe. Darum nutzen sie immer wieder die Annehmlichkeiten, die der Mensch ihnen – fast immer unbeabsichtigt – bietet. So wie einige Wölfe in den USA und Kanada.

Vor allem im Winter nutzen sie die geräumten Straßen und Bahngleise als Wanderwege. Das Laufen hier ist viel leichter als im tiefen, nassen Schnee. Ab und an finden sie sogar etwas Fressbares entlang der Straßen und Schienen: tote Elche. Die haben nämlich wie die Wölfe den Vorteil der menschlichen Infrastruktur entdeckt. Elche werden vom Streusalz auf den Straßen, das sie für neuronale Prozesse im Körper benötigen, magisch angezogen. Dabei übersehen sie oft herannahende Autos und werden getötet.

Entlang der Bahntrassen gibt es zwar kein Salz, jedoch Getreide, das aus den Transportwagons der Züge rieselt. Zudem wandern die Elche hier, wie auch die Wölfe, problemloser. Glück für die Wölfe, denn nähert sich ein Zug, versuchen die Elche auf den Gleisen zu entkommen und werden überfahren. So leicht kommen die Wölfe normalerweise nicht an eine Mahlzeit. Tragisch ist jedoch, dass diese Mahlzeit für sie oft tödlich endet, denn während ihres Schmauses übersehen auch sie die nahende Gefahr.

ANNEHMLICHKEITEN DER ZIVILISATION	
STRASSEN	**BAHNDÄMME**
Erleichtertes Wandern und überfahrenes Aas	Erleichtertes Wandern und überfahrenes Aas

wanderungsland beginnen, sondern es muss bereits in den Heimatländern der Wölfe für ihren Schutz gesorgt werden. Doch die Bedingungen für Wölfe haben sich zum Beispiel in Polen in den letzten Jahrzehnten laufend verschlechtert. Einige gut geeignete Wolfslebensräume im Osten Europas sind schon lange verwaist und traditionelle Wanderrouten sind durch Straßen, Felder und ganze Städte unterbrochen. Nun gibt es Pläne, diese Gebiete wiederzubeleben. Polen arbeitet in diesem Punkt vorbildlich und ganz im Sinne des Wolfsschutzes: Seit Kurzem ermöglichen moderne Computerprogramme den Wolfsschützern, die Lebensräume der Wölfe und deren Gegebenheiten genau zu untersuchen. Grundlage dieser Programme sind die Ergebnisse einer groß angelegten Volkszählung unter Polens Wölfen. Gesammelt wurden alle Informationen, die auf die Anwesenheit von Wölfen hindeuteten: Pfotenabdrücke, Kot, Lautäußerungen oder gerissene Beutetiere. Am Computer fügen sich diese Informationen allmählich zu einem klaren Bild der derzeitigen polnischen Wolfspopulation zusammen: Demnach leben 500 bis 640 Tiere im Land und man weiß, wo sie leben und wohin sie wandern. Mit Hilfe dieses Wissens kann exakt bestimmt werden, wo Wanderkorridore und Querungshilfen für die Wölfe wichtig wären und wo man solche errichten sollte. Dazu gehört auch der Bau so genannter grüner Brücken.

GRÜNE BRÜCKEN Wie erfolgreich Querungshilfen und geebnete Wanderwege für Wölfe und viele andere Tiere bis hin zum Bär sind, zeigt ein Projekt in Kroatien. Dort haben die Behörden über die Autobahn von Karlovac nach Split, die mitten durch einen uralten Lebensraum der Wölfe führt, insgesamt sechs Grünbrücken gebaut. Die Standorte haben Zagreber Forscher anhand bekannter Wanderwege von Wölfen und Bären sorgfältig ausgewählt. 100 bis 200 Meter lang sind diese Brücken und sie wurden so konstruiert, dass die großen Beutegreifer Gefallen an ihnen finden: Sie sind grün, es wächst Buschwerk zum Verstecken, sie sind leicht zu passieren und sie bieten einen Blick, wohin der Weg führt.

Dass diese Querungshilfen benutzt werden, beweisen Sandbetten und Infrarotsensoren, die Bilder und Spuren der querenden Tiere festhalten: Allein an einem Tag nutzten insgesamt neun Wölfe und vier Bären die fünf grünen Autobahnbrücken zwischen Karlovac und Split.

In Spanien zeigen die Grünbrücken bereits Wirkung: In der Region Asturien reduzierte sich die Zahl der durch den Straßenverkehr getöteten Tiere um rund 16.000 pro Jahr. Eine eindrucksvolle Bilanz. Ob vorteilhaft oder nachteilig sei dahingestellt, denn die Gänsegeier der Region ziehen seitdem deutlich weniger Junge auf als vor dem Bau der Brücken – es gibt zu wenig Aas am Rand der Straßen. Das neuerliche Auftreten der Gänsegeier in Deutschland ist wohl die Folge des Futtermangels in Spanien. In Deutschland gibt es bisher nur 35 solcher Grünbrücken, mindestens 125 wären aber nötig, um die kritischsten Punkte zu entschärfen.

DRACULAS HEIMAT In Rumänien wurde der Wolf nie ausgerottet. Schafhirten, Förster und Jäger waren immer gewohnt, Wölfe in ihrer Umgebung zu akzeptieren und Lösungen für das Zusammenleben zu entwickeln. Durch Wolf und Bär gefährdet sind hier wie überall die Schafherden, die auf den üppigen Wiesen vor der Stadt und in den Bergen weiden. Doch die Rumänen kennen das Problem seit Jahrhunderten und haben sich arrangiert. Ihr Erfolgskonzept: Herdenschutzhunde und das Einstallen der Weidetiere während der Nacht.

Doch das Zusammenleben wurde in den letzten Jahren immer schwieriger. Von Frühjahr bis Herbst, dringen die Wölfe aus den entlegenen Regionen der Karpaten teilweise bis in die Städte vor. Dort plündern sie Mülltonnen und reißen in den Vororten hin und wieder mal ein paar Schafe.

Besonders das siebenbürgische Kronstadt (Brasov) wird jedes Jahr von Wölfen und Bären heimgesucht. Für die Anwesenheit von Bären gab es immer schon eindeutige Beweise, denn der Lärm, der von einer durch Bären umstürzenden Tonne ausgeht, ist nicht zu überhören. Wölfe hingegen schleichen eher auf leisen Sohlen und durch ihre geringere Größe können sie sich gut verstecken. Doch eine Untersuchung mit Tieren, die mit einem Sender versehen waren, belegte auch ihre Anwesenheit in der Stadt.

Kronstadt liegt mitten in einem traditionellen Wolfs- und Bärenrevier. Die Karpaten bieten den Beutegreifern einen idealen Lebensraum: Der Mensch dringt nur selten in die Berge vor und die Natur gehört noch immer sich selbst. Als Rückzugs- und Jagdgebiet gibt es ausreichend naturbelassenen Mischwald und für die Bären zusätzlich genügend Höhlen zur Überwinterung. Etwa 4.500 bis 6.000 Braunbären und 2.500 Wölfe sowie Hirsche, Luchse und Füchse leben in dem Gebirgszug mitten in Rumänien. Ein seit Jahrtausenden gewachsenes Ökosystem, das auch heute noch funktioniert.

ABSCHUSS In Frankreich wurden die Wölfe 1927 ausgerottet. Erst in den letzten Jahren wanderten wieder rund 20 Tiere aus den italienischen Abruzzen bis in die französischen Seealpen und ließen sich vorwiegend im Nationalpark Mercantour nieder. Die Konflikte mit Bauern ließen nicht lange auf sich warten. Schafzüchter und Jäger laufen gegen die Wölfe Sturm und verlangen deren Wiederausrottung. Die Behörden gehen mittlerweile von einer Population von mindestens 180 Wölfen aus, die in 19 Rudeln leben.

Die französische Tageszeitung „Le Parisien" berichtete 2009, es gebe 20 Prozent mehr Wölfe als im Vorjahr. Allein im Jahr 2009 wurden 2.677 Fälle von getöteten Schafen und Ziegen gemeldet - deshalb wird derzeit sogar über den Abschuss einiger Wölfe nachgedacht.

Obwohl der Wolf eine streng geschützte Art ist, will das staatliche Amt für Jagd und Natur das zulassen. Die Franzosen haben – wie auch die Deutschen – offensichtlich noch nichts von althergebrachten Schutzmöglichkeiten für Haustiere gehört.

DIE ITALIENER SIND DA! Auch die Schweiz wird wieder von Wölfen besiedelt. Aufgesammelte Haare und Kot der Jäger entlarvten sie als Italiener. Doch die Wölfe haben es in der Schweiz schwer, die Rahmenbedingungen für sie sind nicht ideal – zu viele Berge, zu viele Siedlungen, zu wenig Nahrung und vor allem zu viele Wolfsgegner. Es gibt bereits laute Stimmen, die die Änderung der Berner Konvention in Hinblick auf den Wolfsschutz fordern. In einem Artikel der Wochenzeitung „Zeit-Fragen" steht: „Dieser Schritt ist dringend notwendig, denn nach Aussagen verschiedener Wolfsexperten besteht in der Schweiz die Gefahr der Rudelbildung. Das heißt, wir haben es in unserem Land nicht mehr mit einzelnen Wölfen zu tun, sondern mit einer ganzen Meute, ungefähr zehn bis 15 Tiere." Die Regierung hat bereits einige Wölfe zum Abschuss freigegeben. Gemäß der gültigen Regelung des Bundes können die Kantone Wölfe, die innerhalb von vier Monaten 35 oder in einem Monat 25 Nutztiere reißen, zum Abschuss freigeben - obwohl die Art sowohl nach nationalem Gesetz als auch internationalen Abkommen zu den streng geschützten Arten zählt.

TOURISTENMAGNET Es gibt aber noch eine andere Einstellung zum Wolf in der Schweiz. Obwohl er vor 130 Jahren hier ausgerottet wurde und die Menschen deshalb kaum Erfahrung mit dem grauen Jäger machen konnten, sind trotzdem 60 Prozent der Schweizerinnen und Schweizer dafür, dass der Wolf wieder bei ihnen heimisch wird – dagegen sind im Wesentlichen nur Bauern und Jäger. Die Schweiz ist im Zwiespalt: Einerseits ist der Wolf innerhalb kurzer Zeit zum Sympathieträger für den Tourismus geworden und sorgte für einen merklichen Aufschwung, andererseits sind da die durch den Wolf um ihre Haustiere geprellten Bauern und die um ihr Wild geschädigten Jäger. Die Regierung und die Nationalparkverwaltungen müssen schleunigst für geeignete Maßnahmen zum Schutz der Haustiere sorgen, um die Bauern nicht zu vergrämen und den Wolf nicht zu gefährden.

DER ITALIENER IST ANDERS Der italienische Wolf gehört einer Population an, die die italienische Halbinsel sowie Teile der französischen Alpen besiedelt. Er galt in den 60er Jahren als ausgerottet, doch einige Tiere konnten in abgelegenen Bergregionen überleben. Seit 1976 stehen Wölfe in Italien unter Schutz und die starke Vermehrung ihrer Beutetiere sowie die Landflucht der Menschen begünstigen seine Ausbreitung. Mittlerweile werden 500 bis 800 Tiere in Italien vermutet. Die italienischen Wölfe unterscheiden sich morphologisch und genetisch deutlich von anderen europäischen Wölfen: Ein Hinweis darauf, dass es sich möglicherweise um eine eigene Unterart (Canis lupus italicus) handelt. Die Vermutung, der italienische Wolf sei nur durch die Einkreuzung von Haushunden entstanden, ist mittlerweile widerlegt.

Während sich zwei Wölfe noch um die Fleischreste streiten, freuen sich die anderen bereits darüber.

EIN PLÄDOYER FÜR DEN WOLF In Norwegen leben noch oder wieder einige Dutzend Wölfe. Doch ob sie hier überhaupt eine Überlebenschance haben, ist fraglich, denn eigentlich will sie auch hier keiner haben. Ein Plädoyer für den Wolf wurde 1987 von dem Philosophen Arne Naess und dem Biologen Iver Mysterud, beides Professoren an der Universität Oslo, verfasst. Hier ein Ausschnitt: „Als Philosoph und als Biologe wollen wir hier einige vorläufige Gedanken über Wert und Normen in der Beziehung zwischen Wolf und Mensch darlegen. Die Probleme der heutigen Verbreitung des Wolfs in Norwegen stehen im Zentrum dieser Betrachtung. In diesem Land sollte eigentlich eine gemischte Gesellschaft aus Schafen, Wölfen und Menschen leben. Zur Zeit haben wir 3,2 Millionen Schafe, 4,1 Millionen Menschen und fünf bis zehn Wölfe. Die Wölfe leben in einem kleinen Gebiet mit verstreuten Schaffarmen. Die Bauern akzeptieren die Präsenz der Wölfe nicht und finden darin lokal Unterstützung.... Doch wir empfehlen,

Im Parco Nazionale d'Abbruzzo gibt es wieder rund 50 Wölfe. Sie zu entdecken ist jedoch eher ein glücklicher Zufall. Diese vier Wölfe wurden an den Hängen des Monte Amaro fotografiert.

den Wolf ohne jeden Zweifel als Mitglied der nordischen Lebensgemeinschaft...".

Wie überall stehen vor allem Hirten und Bauern dem Wolf in Norwegen kritisch gegenüber. Vorschläge zum Schutz der Haustiere und durch die EU finanzierte Ausgleichszahlungen beim Verlust von Haustieren durch Wölfe sollen die Kritiker besänftigen. Doch wie so oft bei EU-subventionierten Projekten fehlt es den Betroffenen, hier den Hirten, weitgehend an Eigenverantwortung und Initiative. Schäfer, die nachts in Kälte und Einsamkeit bei den Schafen wachen, sind selten. Ein gefundenes Fressen für den Wolf, der damit gleichzeitig den Berufsstand und die bisherige Lebensart der Schäfer in Frage stellt – dabei wären nur einige Herdenschutzhunde nötig.

SCHWEDEN – DIE JAGD BEGINNT WIEDER

Wölfe waren, wie in Deutschland, über Jahrzehnte hinweg in Schweden nicht mehr zu finden. Doch mittlerweile sind sie auch hier wieder zu Hause. Trotz Wolfsschutz wurde jedoch im Februar 2010 zur ersten Wolfsjagd seit 45 Jahren geblasen. 27 der insgesamt rund 200 Wölfe wurden dabei erlegt.

Das schwedische Parlament hatte im Oktober 2009 die kontrovers diskutierte Vergabe von Jagdlizenzen für Wölfe beschlossen, um eigenen Angaben nach die Akzeptanz für den Wolf zu stärken. Die Regierung gab das Ziel aus, den Wolfsbestand über fünf Jahre hinweg auf ein Niveau unter 210 Tiere in 20 Rudeln zu begrenzen. Dazu wird jährlich eine neue Abschussquote festgesetzt.

Ein weiteres Problem der schwedischen Wölfe ist die Inzucht. Das Land ist unwegsam und zerklüftet und die Wölfe kommen nur schwer an frisches Blut, um ihre Population zu stärken. Hilfe durch den Menschen wäre für diese Wölfe bitter nötig.

GNADENLOSE „NEUZEIT" IN NORDAMERIKA

Der Start in die „Neuzeit", der Start in ein Leben mit weißen Siedlern, begann für den Wolf in Nordamerika mit einem Desaster, vergleichbar dem im Europa des 16. Jahrhunderts. Kaum ein Fleisch fressendes Tier wurde von den weißen Siedlern so gnadenlos verfolgt wie der Wolf.

Bis zu diesem Zeitpunkt war der Lebensraum des Wolfs praktisch unberührt und seine Art nie in Gefahr. Denn die Jagd der Eskimos und Indianer auf den Wolf hatte keinen merklichen Einfluss auf die Zahl der Tiere.

EIN WIRTSCHAFTSSCHÄDLING

Mit der Erschließung neuer Landgebiete durch weiße Siedler verdrängte das Vieh die wild lebenden Huftiere und der Wolf passte sich dem neuen Nahrungsangebot an. Der Schaden, den der Wolf der Viehwirtschaft zufügte, war der Hauptgrund für seine Verfolgung. Eine tragende Rolle spielte jedoch auch die aus der alten Welt mitgebrachte Vorstellung von der besonderen Gefährlichkeit Isegrims für den Menschen. 1630 wurde in Massachusetts erstmals eine Prämie für die Erlegung eines Wolfs vorgeschlagen. Anfang des 18. Jahrhunderts war das System der Prämienzahlung fast überall verbreitet.

Als der weiße Mann es auch noch auf die Büffelherden abgesehen hatte, war es vor allem für den hellmähnigen Büffelwolf, der in einer gewissen Symbiose mit den Büffeln lebte, ganz aus. Sogenannte „Wolfers" legten vergiftete, frisch geschossene Büffel aus, um den lästigen Konkurrenten den Garaus zu machen. Bereits einen Tag nach Auslegung konnten sie den vergifteten, steif gefrorenen Wölfen das Fell abziehen.

OLD SNOWDRIFT In den USA sind, wie überall auf der Welt, skurrile Wolfsgeschichten entstanden, die bis heute ihren Niederschlag in der Kultur ganzer Städte finden: So wie die Geschichte von Old Snowdrift:

1880 kamen Calvin und Edward Bower im heutigen Stanford in Montana an; mit im Gepäck: eintausend Schafe. Doch Stanfordville schien verhext zu sein: Riesige, weiße Wölfe suchten die Herden der Bowers und später auch der anderen Siedler immer wieder heim und töteten die Schafe. Über 50 Jahre terrorisierten die Tiere angeblich die Stadt. Der größte und einer der letzten Wölfe bekam den Namen „Old Snowdrift" – er wurde zur Legende. Angeblich hauste er über 15 Jahre in der Region; erstaunlich, denn normalerweise werden Wölfe in freier Wildbahn nicht einmal zehn Jahre alt. Ein Hinweis auf ein Ammenmärchen?

Auf Old Snowdrifts Konto gingen unter anderem unzählige getötete Jungtiere und Angriffe auf Hirten. Jäger aus allen Teilen der USA reisten an, um diesen Wolf zu töten, doch Old Snowdrift war scheinbar unbesiegbar. Sie versuchten es mit Gewehren, Gift und Hunden, doch der Wolf war so clever, dass er den Jägern immer wieder entwischte. In der Zeit, in der Old Snowdrift sein Unwesen in der Gegend trieb, hatte er bei den Farmern einen Schaden von vielen tausend Dollar angerichtet. Nicht zu vergessen die vielen Elche und anderen Wildtiere, die den Jägern durch ihn verloren gegangen waren. Im April 1930 wendete sich das Blatt jedoch für den Wolf:

Zwei Jäger, A.C. Close und Earl Neill, begleitet von zwei Hunden, folgten eines Tages der Spur von Old Snowdrift. Stunden vergingen, ehe die Hunde den Killer endlich einholten. Die Hunde attackierten den riesigen Wolf, doch der trieb sie ohne Mühen zurück zu den Jägern. Close stand indes hinter einem Baum, so dass der Wolf ihn nicht sehen konnte. Er nutze seine Chance und schoss – mitten in den Kopf. Alle Zeitungen berichteten von der Heldentat, denn der Wolf, den Close erlegt hatte, war tatsächlich groß: etwa 1,80 Meter lang und 41 Kilogramm schwer. Das Tier wurde ausgestopft und ist bis heute im Museum für jedermann zu sehen. Supermärkte, Fußballclubs, Bars, Naturparks und sogar Straßen wurden und werden bis heute nach dem großen weißen Wolf benannt. Doch außer auf Schildern und Wegweisern wurde in dieser Gegend jahrzehntelang kein Wolf mehr gesehen.

Nur langsam kehrten in den 90er Jahren des 20. Jahrhunderts die Nachfahren Old Snowdrifts zurück nach Stanford. Die Menschen schienen glücklich über die Rückkehr

INTERNET-ANZEIGE AUS AMERIKA **Zu Verkaufen: Salzgetrocknetes Alaskawolfsfell**

Das wunderschöne Fell eines Alaskawolfs ist dunkelgrau. Der Kopf etwas dunkler als der Rest. Es hat schöne lange, dunkler graue Haare bis fast hinunter zu den Pfoten. Es handelt sich um ein Fell eines weiblichen Tieres mit den Maßen 5 1/4" x 48 1/2" x 28 1/2", gemessen am Kadaver. Das Fell ist unversehrt, ein schöner Wolf. Frisch aus der Saison 2010. Der Bauch ist cremefarben und das Haar auf dem Rücken 4" lang. Das Fell wurde gleich nach dem Schuss abgezogen und salzgetrocknet, um Schäden während des Transports zu vermeiden. Sogar an den Lippen ist noch die komplette Lippenhaut vorhanden. Alle Zehen inklusive Krallen sind intakt. Alles ist dran, sogar die Ballen. Es eignet sich hervorragend als Wandbehang. Vielen Dank für ihr Interesse.

DER WOLF TEILT DAS SCHICKSAL VIELER WILDTIERE

Paradox: Auf der einen Seite war der weiße Wolf „Old Snowdrift" in Stanford verhasst und wurde erbittert gejagt. Auf der anderen Seite ziert sein Konterfei Straßen-, Restaurant- und Firmenschilder. Wirklich erwünscht scheint er aber dennoch nicht zu sein.

der Wölfe. Überall wurden sie von Plakaten begrüßt – doch die Freude währte nicht lange. Mittlerweile scheint auch die Angst vor den Wölfen wieder zurückgekehrt zu sein. Die alten Geschichten leben in den Köpfen wieder auf und die ehemalige Wut ist wieder da. Erste Lockerungen des Jagdverbotes im Rahmen des Schutzprogramms sind bereits durchgesetzt und die Jagd auf die Nachfahren des weißen Wolfs wieder eröffnet.

VERSCHWUNDEN Ende des 19. Jahrhunderts waren die Gebirge im Westen der USA neben Alaska und Kanada die letzten Zufluchtsstätten des Wolfs in Nordamerika. Hier auf den Bergweiden, wo es noch Hirsche und andere wild lebende Huftiere gab, richtete der Wolf keinen ernsthaften Schaden an. Außerdem lohnte sich die Kopfgeldjagd auf den Wolf in diesem schwierigen Gelände nicht. Doch selbst an diesem entlegenen Ort wurde 1915 eine große Vernichtungskampagne gestartet. Alle Gebiete sollten wolfsfrei werden: Der Kongress beschloss die Ausbringung von Gift. Es war die letzte groß angelegte Vernichtungskampagne, denn danach war der Wolf verschwunden – in ganz Amerika.

THE LAST PLACE TO BE In Kanada war aufgrund der geringeren Entwicklung der Viehwirtschaft der Kampf gegen den Wolf weniger erbittert, obgleich auch in Kanada viele Jahre lang die vollständige Ausrottung der Art angestrebt wurde. Im Gegensatz zu den USA hatte das System der Prämienzahlung hier in den letzten Jahrzehnten keinen wesentlichen Einfluss mehr auf den Wolfsbestand, da große Gebiete des wölfischen Lebensraumes für Jäger weitgehend unzugänglich sind. So fand der Wolf einige Rückzugsgebiete, vor allem an der unwegsamen Westküste.

JUWEL IM REGENWALD Die Küstenregenwälder Britisch Kolumbiens waren und sind bis heute fast unberührt und deshalb ideales Wolfsland. Hier gibt es nicht nur den „normalen" Wolf, der auf dem Festland lebt und Elche, Schwarzwedelhirsche sowie Schneeziegen jagt, sondern noch eine spezielle Unterart: den sogenannten Küstenwolf. Er ist kleiner als der Festlandwolf, sein Fell hat eine leichte rötliche Färbung und ernährt sich hauptsächlich von Lachsen, Seehunden und gestrandeten Walen. Um jedoch genügend Beutetiere jagen zu können, müssen die Küstenwölfe zwischen den Inseln hin- und herschwimmen. Kein Problem für die Wölfe: Sie sind exzellente Schwimmer und können ungeachtet der Strömungen mehr als zehn Kilometer über das offene Meer schwimmen. Die Existenz dieser bemerkenswerten Unterart beweist erneut, wie geschickt der Wolf sich bei der Erhaltung seiner Art anstellt.

DER KÜSTENWOLF Ganz geklärt scheint das Phänomen, warum es diese Unterart der Wölfe gibt, nicht zu sein. Genetische Studien konnten zwar Licht ins Dunkel ihrer Verwandtschaft bringen, doch den genauen Ablauf ihrer Entwicklung und die Gründe dafür sind bis heute nicht eindeutig. Die Studien bewiesen zumindest, dass der Küstenwolf eine sehr junge Unterart ist, die sich erst im Holozän, nach der letzten Eiszeit, wahrscheinlich aus den heimischen Grauwölfen entwickelte.

Während der Eiszeit war das gesamte Gebiet der kanadischen Pazifikküste mit Eis bedeckt. Viele Arten, unter anderem der Wolf, zogen sich in den Norden und/oder den Süden der sich weit ausdehnenden Eisplatte zurück. Andere versuchten, auf dem Land vorgelagerten Inseln zu überleben. Nachdem das Eis sich wieder zurückgezogen hatte, suchten die Tiere wieder andere Gegenden auf – auch die Wölfe. So wie es aussieht, scheinen alle Wolfsunterarten, die die Eiszeit überstanden haben, nur von Wölfen südlich der Eisplatte abzustammen, denn von den nördlich lebenden Wölfen konnte man keine Gene in heute noch lebenden Tieren nachweisen – sie scheinen ausgestorben zu sein. Die genetischen Unterschiede zwischen Küstenwölfen und anderen Wolfsunterarten in Nordamerika und Kanada sind nicht sehr groß, doch es gibt sie. Allein durch die historischen Ereignisse wie die Eiszeit kann man die Abspaltung in eine neue Unterart jedoch nicht erklären. Man vermutet deshalb, dass noch andere Faktoren wie beispielsweise die ökologischen Besonderheiten der Region für die Entwicklung einer neuen Unterart verantwortlich waren. Dafür spricht auch das besondere Verhalten der Küstenwölfe und die Abweichungen im Äußeren zu dem der Festlandwölfe. Küstenwölfe sind kleiner, ihr Fell ist dunkler und scheinbar wasserabweisender als das der anderen Wölfe und auch die Morphologie ihres Schädels und des Gebisses weicht von dem anderer Wölfe ab. Diese Anpassungen steigern ihre Überlebenschancen für diese Region und die Küstenwölfe haben einen riesigen Vorteil gegenüber zuwandernden Wölfen aus dem Landesinneren: Es findet eine Art „Selektion gegen Einwanderer" statt. Eine Vermischung der Gene wird dadurch unwahrscheinlich und die Selektion dadurch forciert. Vor allem das adaptierte Verhalten zur Krankheitsvermeidung sichert den Küstenwölfen ihr Überleben. So fressen sie, im Gegensatz zu eingewanderten Wölfen, nur den Kopf gefangener Lachse. Dadurch beugen sie einer Infektion mit Neorickettsia helminthoeca vor, einer tödlichen Krankheit, die von Leber-Egeln, die in den Fischkörpern leben, übertragen wird – ein über Jahrtausende entwickeltes Verhalten.

ABGESCHIEDEN Bis heute haben die Küstenwölfe Britisch Kolumbiens relativ unbehelligt überlebt. Doch mittlerweile sind auch sie in ihrem Bestand gefährdet. Abholzungen begünstigen den Zugang für Jäger zu ihren Refugien – und mit ihnen kommen Hunde. Sie können nicht nur tödliche Krankheiten auf die Wölfe übertragen, sondern sich auch mit ihnen verpaaren – eine große Gefahr für die Population der Wölfe.

„**Den Wolf ernähren seine Beine**", so sagt ein russisches Sprichwort. Vor allem die Polarwölfe brauchen sehr große Territorien, um ausreichend Beutetiere schlagen zu können. Um diese zu finden, müssen sie enorme Strecken laufen.

VATER DER INDIANER Schon immer lebten in den Küstenregionen Britisch Kolumbiens auch Menschen - Indianer. Die Jäger-, Sammler- und Fischerkulturen der First Nations kannten keine domestizierten Viehherden wie die sesshaften weißen Siedler. Daher stellte der Wolf für sie nie eine Gefahr oder eine Bedrohung dar. Ganz im Gegenteil: Die First Nations achteten den Wolf und behandelten ihn mit großem Respekt. Er galt und gilt in ihrer Kultur bis heute als stark, weise und geschickt – so geschickt, dass die Indianer von seinen Jagdtechniken lernten. Die Verehrung des Wolfs ging bei manchen Stämmen sogar so weit, dass sie sich wünschten, wolfsgleich zu sein. So spielt bis heute der Wolf in der Stammesgeschichte einiger Indianerstämme eine grundlegende Rolle. Die Heiltsuk nennen bis heute einen Wolf als Gründer ihres Stammes. Nach Überlieferungen zeugte er die ersten Kinder, die alle, obwohl ihr Vater ein Wolf war, eine menschliche Gestalt hatten. Nur eines seiner Kinder war ihm äußerlich gleich und gilt als Beschützer der Menschen hier. Um den Vater-Wolf von anderen Wölfen unterscheiden zu können, strich die Mutter ihn mit Ockerfarbe an. Die Farbe verlieh seinem Fell einen rötlichen Schimmer, der bis heute die Wölfe dieser Gegend kennzeichnet. In Tänzen, Gesängen, Malereien und in Gewebtem vieler Stämme findet man heute noch Wolfssymbole – Küstenwolfsymbole.

SCHÜTZENSWERT Erst als der Wolf zum Sinnbild einer unberührten Natur, als Bioindikator für ein intaktes Ökosystem und zur Ikone der Wildnis erhoben wurde, hörte das Morden durch weiße Siedler in Nordamerika auf. Jetzt sollte der Wolf wieder zurückkehren. Um dabei nachzuhelfen, brachte man 1995 einige der etwa 60.000 Wölfe, die im Wesentlichen in Kanada lebten, in den Yellowstone Nationalpark. Man hoffte, dass der Wolf sich von dort aus wieder in seine ehemals angestammten Lebensräume ausbreitet – und so war es. Die Umsiedelung und der absolute Schutz der Art zeigte Wirkung und die Wölfe fassten wieder Fuß in den USA.

SÜNDENBOCK Der Sinneswandel, dem Wolf wieder eine Chance zu geben, ist aber im 21. Jahrhundert wieder rückläufig. In den letzten Jahren wurde der kanadische Timberwolf zu Hunderten geschossen und durch Sterilisationsprogramme an der Fortpflanzung gehindert – die Zahl der Wölfe ist rückläufig. Grund für diese Bekämpfungsmaßnahmen ist der Rückgang der Karibu- und Elchherden, den man zu Unrecht dem Wolf in die Schuhe schiebt – wie schon Hunderte Male vorher in seiner Geschichte. Dass sowohl Elche als auch Karibus ein begehrtes Jagdobjekt vor allem für Trophäenjäger aus Deutschland sind, scheint irrelevant. Nach Auskunft der kanadischen Schutzorganisation „Friends of the Wolve" sind eine Handvoll Jagdführer schuld am Rückgang des Wildes und nicht der Wolf. Sie wollen aus dem Verkauf der Jagdlizenzen Profit schlagen, denn ausländische Jagdtouristen zahlen gut für ein Elch- oder Karibugeweih. Auch die fortschreitende Umweltzerstörung und die vermehrten Abholzungen, die den Karibus den Lebensraum nehmen, werden gar nicht erst als Ursache für den Rückgang des Wildes diskutiert: Der Schuldige ist und bleibt der Wolf.

IM OSTEN IST ES AUCH NICHT BESSER Die Fläche der ehemaligen Sowjetunion ist riesig. Sie beträgt 22 Millionen Quadratkilometer und das macht es schwierig, Genaueres über die dortige Wolfspopulation in Erfahrung zu bringen. Nach einer Schätzung leben heute in Russland noch ungefähr 28.000 Wölfe - weniger als in Kanada. Der Wolf darf hier dennoch ganzjährig bejagt werden, nicht nur mit Gewehren, sondern auch mit Schlingen und Gift, aus dem Auto oder dem Flugzeug – Methoden, die bei der Jagd auf andere Tiere gesetzlich verboten sind. Die Regierung fördert sogar die Jagd auf Wölfe: Pro getötetem Wolf gibt es für den Schützen eine hohe Abschussprämie. Ein großer Anreiz, gerade für die ärmere Landbevölkerung.

Mittlerweile versuchen auch viele Jagdfirmen mit der Jagd auf den Wolf Geld zu verdienen. Das gelingt ihnen. Das Internet ist voll mit Angeboten zur Wolfsjagd in Russland. Was die Trophäenjäger meist nicht wissen, ist, dass es auch schwarze Schafe unter den Jagdanbietern gibt. Da der Wolf auch in Russland zurückgezogen lebt und es keine Garantie dafür gibt, einen oder sogar mehrere Wölfe zu sehen, werden den Jägern häufig zahme Tiere vor die Flinte gebracht. Der Jagdanbieter kassiert so auf jeden Fall die horrenden Summen für die Trophäe.

Das wichtigste Verbreitungsgebiet des Wolfs im Osten befindet sich zwischen dem Kaspischen Meer und China, in Turkmenistan, Usbekistan, Tadschikistan und Kasachstan. Laut den Jagdreiseveranstaltern sollen allein in Kasachstan 100.000 Wölfe leben. Ob an dieser Zahl etwas dran ist oder es nur um Marketing geht – wer weiß?

DAS SACKGASSENTIER Man könnte den Wolf und sein Schicksal als Symbol für das Schicksal alles Lebendigen sehen. Wie die Wiedergutmachung an der Spezies Wolf ausgehen wird, weiß niemand. Auch nicht, ob die Wiedereinbürgerungsversuche in bewohnten Gebieten gelingen. Der Wolf ist ein kluger und anpassungsfähiger Kulturfolger und kann ohne Weiteres in Einklang mit dem Menschen leben – ob der Mensch das auch kann, bleibt abzuwarten. Wenn es dem Wolf gelingt, eine Brücke zwischen Kultur und Natur zu schlagen, dann war sein Weg von der Natur zur Kultur, den er vor 15.000 Jahren einschlug, zumindest keine Sackgasse.

WOLFPARKS

DEUTSCHLAND

WOLFSPARK WERNER FREUND
Kammerforst Merzig,
Waldstraße 204 · 66663 Merzig/Saarland
Telefon: +49-68 61-91 18 18
e-Mail: wolfspark@gmx.net
Internet: www. wolfspark-wernerfreund.de

ADLER- UND WOLFSPARK KASSELBURG
Kasselburg · 54570 Pelm
Telefon: +49-65 91-42 13
e-Mail: info@adler-wolfspark.de
Internet: www.adler-wolfspark.de

NATUR- UND UMWELTPARK GÜSTROW
Verbindungschaussee · 18273 Güstrow
Telefon: +49-38 43-246 80
e-Mail: info@nup-guestrow.de
Internet: www.nup-guestrow.de

WILDPARK SCHORFHEIDE
Prenzlauer Straße 16 · 16244 Schorfheide
Telefon: +49-99 43-81 45
e-Mail: info@wildpark-schorfheide.de
Internet: www.wildpark-schorfheide.de

BAYERWALD-TIERPARK LOHBERG
Schwarzenbacher Straße 1a · 93470 Lohberg
Telefon: +49-68 61-91 18 18
e-Mail: tierpark@lohberg.de
Internet: www.lohberg.de

WOLFCENTER
Kasernenstraße 2 · 27313 Dörverden
Telefon: +49-42 34-93 44 02
e-Mail: info@wolfcenter.de
Internet: www.wolfcenter.de

WILDPARK "ALTE FASANERIE"
Fasaneriestraße · 63456 Hanau
Telefon: +49-61 81-69 06 76
e-Mail:
HFWildparkFasanerie@Forst.Hessen.de
Internet: www.erlebnis-wildpark.de

WILDPARK JOHANNISMÜHLE
Johannismühle 2 · 15837 Baruth
Telefon: +49-3 37 04-9 70 11
e-Mail: medien@wildpark-johannismuehle.de
Internet: www.wildpark-johannismuehle.de

ÖSTERREICH

WILDPARK ERNSTBRUNN
Dörfles · 2115 Ernstbrunn
Telefon: +43-25 76-27 85
e-Mail: wildpark.ernstbrunn@nanet.at
Internet: www.wolfscience.at

ALPENZOO INNSBRUCK-TIROL
Weiherburggasse 37 · 6020 Innsbruck
Telefon: +43-512-29 23 23
e-Mail: alpenzoo@tirol.com
Internet: www.alpenzoo.at

TIERWELT HERBERSTEIN
Buchberg 50 · 8223 Stubenberg am See
Telefon: +43-31 76-8 07 77
e-Mail: info@tierwelt-herberstein.at
Internet: www.tierwelt-herberstein.at

SPANIEN

LOBO PARK
Apartado de correos 244 · 29200 Antequera
Telefon: +34-952 03 11 07
e-Mail: info@lobopark.com
Internet: www.lobopark.com

NORWEGEN

LANGEDRAG NATURPARK
EKT A/S Tunhovd · 3540 Nesbyen
Telefon: +47-32 74 25 50
e-Mail: post@langedrag.no
Internet: www.langedrag.no

SCHWEIZ

NATUR- UND TIERPARK GOLDAU
Parkstr. 40 · 6410 Goldau
Telefon: +41-859 06 06
e-Mail: info@tierpark.ch
Internet: www.tierpark.ch

TIERPARK DÄHLHÖLZLI
Tierparkweg 1 · 3005 Bern
Telefon: +41-31 357 15 15
e-Mail: tierpark.daehlhoelzli@bern.ch
Internet: www.tierpark-bern.ch

WILDNISPARK ZÜRICH
Alte Sihltalstrasse 38 · 8135 Sihlwald
Telefon: +41-44-7 22 55 22
e-Mail: info@wildnispark.ch
Internet: www.wildnispark.ch

USA

WOLF PARK
4004 E. 800 N. Battle Ground · IN 47920
Telefon: +1-7 65-5 67 22 65
e-Mail: wolfpark@wolfpark.org
Internet: www.wolfpark.org

WOLFSREISEN

ELLI RADINGER
Blasbacher Str. 55 · 35586 Wetzlar
Telefon: +49-64 41-3 29 69
e-Mail: info@yellowstone-wolf.de
Internet: www.yellowstone-wolf.de

TIER & WILDTIERMANAGEMENT
Herr Peter Sürth
Im Flöschle 15 · 72218 Wildberg-Sulz am Eck
Telefon: +49-70 54-90 93 60
e-Mail: info@derwegderwoelfe.de
Internet: www.derwegderwoelfe.de

ZEITSCHRIFTEN

WOLFMAGAZIN
Internet: www.wolfmagazin.de

REGISTER

Aas 78, 167
Aasfresser 95f.
Aberglaube 115
Abruzzen 171
Abschussprämie 183
Adelsjagd 118
Adler 59, 111, 154
Adoption 48
Aggression 69, 140
Aggressivität 87
Agulnik, David 127
Ägypten 110, 115
Ägypter 115
Alaska 85, 106, 130, 178
Alaskan Malamute 135
Alaskawolf 177
Alaskawolfsfell 177
Alba Longa 114
Allen'sche Regel 12f.
Allrounder-Zähne 87
Alphatier 40, 63, 133
Alphawolf 30, 36, 63f.
Altwolf 42
American Escimo Dog 135
American Werewolf 141
Amme 51
Ammentum 50
Amulius 114
Anführer 30
Angriffstechniken 97
Annäherung 72
Anpirschen 62
Antilope 78
Aphrodite 115
Apollo 115
Arbeitsteilung 66
Argos 115
Assiut 15
Asturien 170
Atlantik 10
Auffassungsgabe 93
Aufzucht 40, 46, 54
Aufzuchtzeit 64
Augen 55, 72, 127, 154
Ausdauer 87

Backenzähne 87
Bad Muskau 162
Bahndammwolf 167
Bahngleis 164, 167
Balayrac, Marquis von 141
Balsamtanne 106
Bandwurm 91
Bannwald 118
Bär 42, 59, 93, 95, 145, 158, 161, 170f.
Bauch 50
Bauchdecke 93
Bauchfell 50
Bauern 122, 144, 151, 158, 166, 171f., 174f.
Bayrischzell 166
Befruchtung 50
Begleithund 29
Beißattacken 132
Beißhemmung 56
Beißverhalten 90
Bellen 68
Bergmann'sche Regel 10f.
Bergziege 78
Berner Konvention 162, 172
Berner Sennenhund 22
Bernhardiner 30, 150
Bernus, Ulla von 127
Beschwichtigungssignale 73
Besitzanspruch 63
Betawolf 36
Beute 41
Beutegreifer 87, 97
Beutetier 87
Beutezug 46
Biber 84f., 93, 107
Bilsenkraut 127
Bison 41, 84f., 92, 97, 100
Blindheit 54
Böhmerwald 163
Boquet, Richter 126
Bordelon, Laurent 127
Bört-a-Tchao 115
Bower, Calvin 176
Bower, Edward 176
Brasilien 21
Britisch Kolumbien 85, 111, 139, 179f., 182
Brücke, grüne 170
Brunft 103, 164
Büffel 110, 176
Büffeljagd 111
Büffelwolf 17, 176
Buschwolf 21

Canidae 20
Canis 20
Canis familiaris 21
Canis lupus 20
Canis lupus italicus 172
Canis rufus 21
Cayase-Indianer 111
Chart Polski 22
Chihuahua 29, 30
China 78, 183
Chrysocyon brachyurus 21
Close, A.C. 176
Cocker Spaniel 22
Coronation Island 106
Côte d'Azur 130

Dallschaf 97, 103
Damwild 78, 118
Darwin, Charles 73
Das Imperium der Wölfe 141
Delphi 115
Denali National Park 85
Der Junge und der Wolf 141
Der mit dem Wolf tanzt 141
Der Wolf und die sieben Geißlein 125
Deutschland 144, 161ff., 166, 170, 182
DiCaprio, Leonardo 141
Dogge 130
Drohlaute 68
Drohsignal 72f.
Drosselbiss 90
Dschingis Khan 115
Dschungelbuch 141
Duftmarke 48
Durchsetzungsvermögen 55

Eckzähne 87
Edda 114
Edelwolf 133
Einkesseln 62
Eisbrücke 107
Eiszeit 179
Eizelle 50
Elch 41, 46, 50, 78, 84f., 91f., 97, 100ff., 163f., 167, 176, 179, 182

Elchbulle 102
Elchkalb 93
Elektrozaun 145, 151
Ellesmere Island 84
Empathie 93
Emsdorf 127
Entmythologisierung 166
Ernstbrunn, Wildpark 30
Erregung 68
Esel 147
Eskimos 110, 175
Eskimosagen 110
Eurasien 78
Eusebia 141

Fabel 123
Fabre, Francois 130
Fähe 29, 40f., 46f., 50f., 54, 126
Fährte 92
Fäkalien 55
Familienbindung 54
Familienstruktur 63
Familienverband 67
Fauna-Flora-Habitat-Richtlinie 162
Fellfarbe 97
Fellkontakt 73, 75
Fenris 114, 125
Festlandwolf 179f.
Fettschicht 96
First Nations 182
Fisch 78
Fix und Foxi 141
Fleischfresser 96
Fletschen 72
Flexibilität 85
Fluchtimpuls 92
Fluchtreaktionen 23
Förster 166, 171
Frankreich 171
Freilandforschung 41
Freke 114
Frequenzen 68
Freude 68
Friedfertigkeit 74
Fuchs 10, 20, 122, 147, 171
Futterrangordnung 64
Futtersuchverhalten 85

Gaatz, Hermann 159
Gammawolf 36
Gämse 78
Gänsegeier 170
Gebiss 62, 87, 154, 180
Gebrüder Grimm 123, 125
Geburtshöhle 51, 59, 96
Gefangenschaft 41, 63ff., 103
Gehegewolf 40, 48, 64, 96
Gehirn 29
Gehirnvolumen 29
Gehör 51, 68
Gemütszustände 68
Gene 42, 54, 179f.
Genpool 166
Gere 114
Germanen 115, 125
Geruchsinformationen 23
Geruchsinn 51, 67
Geruchskontrolle 68
Geschwindigkeit 87
Gesichtsmimik 65, 68, 74
Gesichtsmuskulatur 68
Gestik 68
Getreide 164
Gévaudan 130f.
Geweih 97, 102
Goldschakal 59
Grauwolf 10, 21, 179
Grauwolf, Europäischer 165
Grenzmarkierungen 47
Griechenland 115, 144
Grinsen 72
Grünbrücken 170
Gruppenleben 42
Gummigeschoss 145

Hase 68, 84f., 93, 163
Hase und Wolf 141
Hatz 92f., 130
Haushaltsabfälle 78
Haushund 12, 21, 30
Haustier 118, 164f., 172
Heiltsuk 182
Herdenschutzhund 145, 150f., 166, 171, 175
Herz 93
Herzinfarkt 74
Herzwürmer 31

Hesse, Hermann 141
Hetzjagd 90, 93
Heulen 42, 46f., 154
Heulwolf 21
Hexen 127
Hierarchie 36, 63, 66
Hindu 114
Hinterhalt 93
Hirpi 115
Hirsch 24, 46, 50, 78, 92, 97, 100, 103, 118, 161f., 171, 178
Hirschziegenantilope 78
Hitler, Adolf 133
Hokkaido-Wolf 15, 111
Holozän 179
Holzfäller 122
Honorius III. 119
Honshu-Wolf 14
Hormonhaushalt 50
Hormonkonzentration 50
Hufe 97, 100f.
Hund 8, 20, 28, 30, 54, 68, 73, 78, 114f., 130f., 138f., 147, 151, 163, 180
Hundeartige 20, 24, 29
Hunderasse 21, 30
Husky 135
Hütehund 20, 133, 150
Hyänen 87

Imponieren 72
Indianer 110, 175, 182
Indianersagen 110
Indien 10, 78, 114, 132
Individualdistanz 63
Innereien 93
Inquisition 125, 127
Inseln, Arktische 10
Inseln, Britische 10
Intelligenz, soziale 67
Internet 177, 183
Inzucht 67, 166, 175
Isle Royale 84f., 92, 106, 107
Italien 144, 172

Jagderfolg 87, 102
Jagdgesellschaft 62
Jagdhund 29, 74

Jagdreiz 103
Jagdtechnik 23, 59, 103
Jagdunterricht 62
Jagdverhalten 59
Jäger 144, 158, 161, 166, 171f., 176, 180
Jährling 43, 64
Japan 10, 111
Jungwolf 42, 59, 66, 119
Jupiter 126

Kadaver 93f., 166
Kalb 100
Kampf 72
Kampfspiele 63
Kampftechnik 74
Kanaan-Hund 135
Kanada 51, 84, 111, 141, 164ff., 178f., 182f.
Karibu 80, 85, 182f.
Karibukalb 93, 96
Karl der Große 119
Karl VI. 119
Karlovac 170
Karpaten 171
Kasachstan 183
Kaspisches Meer 183
Katze 90
Kaumuskeln 87
Kenia 24
Kerngebiet 47
Kim und die Wölfe 141
Kipling, Rudyard 133
Kirgisistan 154
Klickitat-Stamm 111
Klima 106
Klimazonen 13
Klugheit 106
Kniegelenk 24
Knochendiät 97
Knochenmark 87
Knurren 63ff.
Kognition 67
Köhler 122
Kojote 10, 21
Kolkrabe 23ff.
Kommunikation 48, 67, 72f., 138
Komondor, ungarischer 150

Konfliktsituation 73
Königspudel 22
Konkurrenzdruck 67
Kopf 55, 73
Kopfwackeln 54
Kopulation 50
Körperbau 28
Körperfettgehalt 96
Körperhaltung 68, 74
Körperkontakt 50, 73
Körpersignale 23
Kot 84, 97, 150, 170
Kotrschal, Kurt 30
Krallen 90
Krankheitserreger 55
Kroatien 170
Kronstadt (Brasov) 171
Kuh 23, 100
Küstenwolf 179f., 182
Kuvac, slowenischer 150

Labrador 138
Lachs 85, 179f.
Lamm 23
Langzeitgedächtnis 92
Lappenzaun 145f.
Lausitz 133, 158, 162ff.
Lautäußerungen 23
Laute 68, 74
Lawrence, Ronald 51, 54, 62
Lebenserwartung 30
Lebensraum 78
Leber 93
Leber-Egel 180
Lefzen 36, 68
Leittier 30, 63
Leitwolf 133
Lichtenmoor 158ff.
London, Jack 133, 141
Lorenz, Konrad 68
Louvetiers 119
Löwe 158
Luchs 145f., 171
Luderplatz 154
Lunge 93
Luparii 119
Lupercalienfest 114
Lupinchen 141
Lupo 141
Lycaon von Arkadien 126

Lykanthropie 126
Lykopolis 115

Mackenzie Valley Wolf 17
Magen 93f.
Mahabharata 114
Mähnenwolf 21
Manipulation 67
Märchen 123, 133, 140
Maremmano 147
Markierung 47
Mars (Kriegsgott) 114
Massachusetts 175
Mastiff, spanischer 150
Maus 24, 59, 74
Mäuselsprung 59
Mech, David 64, 102
Meerschweinchen 23
Mercantour 171
Mexiko 12
Milchproduktion 54, 96
Milchzähne 55, 59
Mimik 68
Minenspiel 23
Minnesota 102
Miozän 20
Mitsumine-Schrein 111
Monte Amaro 174
Mops 21, 22, 29
Mordlust 97
Morphologie 28, 180
Mortalitätsrate 31
Moschusochse 78, 84, 97, 100
Muffelwild 78
Mundwinkel 68, 72
Muskelgewebe 97
Muskeln 56
Muskulatur 23
Mysterud, Iver 174
Mythen 158
Mythologie 111, 114

Nackenfell 72
Naess, Arne 174
Nahrungsaufnahme 64
Nahrungskette 87
Nahrungsmangel 43
Nahrungssuche 54
Nase 68, 72, 92

Nationalpark 163
Naturschutzgebiet 163
Neill, Earl 176
Neorickettsia helminthoeca 180
Nesthocker 51
Neurose 73
Neustädter Wölfin 162
Nivernais 123
Nordamerika 84, 110, 130f., 175, 178, 182
Nordgrönland 12
Norwegen 174
Numitor 114

Oberkiefer 87
Oberlausitz 144, 162
Obst 78
Odin 114
Ohr 10f., 36, 55, 68, 73
Okami 111
Ökosystem 106
Old Snowdrift 176ff.
Omegawolf 36, 41
Opportunismus 85
Ostpreußen 163
Owtscharka, russischer 150

Paarung 42, 46, 50
Paarungspartner 48f., 65
Paarungszeit 50, 54, 66
Pakt der Wölfe 141
Palästina 116
Pallipeswolf 13, 16
Papillon 29
Paraguay 21
Parco Nazionale d'Abbruzzo 174
Partnersuche 48
Parvovirose 31, 106
Pausanias 115
Pazifik 12
Perrault, Charles 122, 125
Peter und der Wolf 125
Pferd 111, 145, 154
Pfote 24
Plinius der Ältere 115
Plünderer 95f.
Polarküste 12
Polarwolf 10, 17f., 49, 181

Polen 144, 163, 170
Porphyrinurie 126
Präriewolf 21
Provokation 72
Pudel 29, 68, 71f.
Pufferzone 47, 51
Puma 42, 59, 158
Pushan 114
Pyrenäenberghund, französischer 150

Querungshilfe 170

Rabe 42, 93
Randgebiet 47
Rangfolge 36, 40
Rangkämpfe 63
Ranz 54, 126
Ratte 24
Räude 31
Reaktionsfähigkeit 56
Reh 24, 78, 93, 100, 118, 144, 161, 163ff.
Rehkitz 68, 93
Reinhardswald 162
Reißzähne 90
Remus 114
Rendezvous-Platz 59, 62
Rentier 78
Reproduktionspotenzial 31
Respekt 72f.
Revier 46
Reviergrenzen 47, 68
Reviergröße 41, 46
Reviermarkierung 48f.
Rhea Silvia 114
Rhodesian Ridgeback 72
Rigveda 114
Rind 23, 145, 158
Rippenbrüche 87
Riss (geschlagene Beute) 41, 93ff.
Rissstelle 93
Rollenverteilung 66
Rom 114
Romulus 114
Rothirsch 164
Rotkäppchen 122, 125, 141
Rotwild 78, 118, 144, 164ff.
Rotwolf 17, 21

Rücken 73
Rudellager 59
Ruf der Wildnis 141
Rumänien 78, 144, 171
Russland 130, 183
Rute 50, 72, 92

Saarloos-Wolfhond 135
Sabiner 115
Sachsen-Anhalt 162
Sagen 133, 158
Samojede 135
Saractus 115
Saskatchewan 130
Satan 118f.
Schädel 28, 180
Schaf 78, 103, 116, 119, 132, 145, 150f., 154, 158, 166, 171, 174
Schäfer 147, 151, 171
Schäferhund 8, 10, 133ff., 150
Schafzüchter 171
Schakal 10, 20
Scharrstellen 47, 68
Scheinträchtigkeit 50
Schlafen 95
Schleswig-Holstein 154
Schnauzenkontakt 73
Schneehase 92
Schneeziege 83, 179
Schneidezähne 87
Schnelligkeit 106
Schulterhöhe 30
Schutzesel 147
Schwarzwedelhirsch 84, 106, 139, 179
Schwarzwild 144, 166
Schweden 78, 175
Schwein 23
Schweiz 144, 166, 172
Schwirrhölzchen 122
Seealpen 171
Seehund 179
Senckenberg Museum für Naturkunde Görlitz 164
Sibirien 78
Signale 67, 73
Sowjetunion 183
Sozialverhalten 74, 138
Spanien 78, 144, 170

Speichel 95
Speisekammer 96
Spielen 56, 62
Spieltrieb 29
Split 170
Spur 24
Stanford/Montana 176
Starnberg 166
Staupe 31, 135
Steinbock 78
Steppenwolf 141
Stirn 68
Stoffwechsel 96
Strategie 93
Streicheln 74
Stress 74, 140
Stresssituation 107
Streusalz 164, 167
Strychnin 158
Stupe, Peter 126f.
Surplus-Killing 103

Tadschikistan 183
Taigan 154
Taktik 67
Tal der Wölfe 141
Tamaskan 135
Tapferkeit 114
Tarnung 97, 110
Tarpan 82, 163
Tartarenvolk 115
Taubheit 54
Täuschung 67
Tierpsychologe 73
Tiger 158
Timberwolf 8, 13, 16, 19, 30, 182
Tollkirsche 127
Tollwut 31
Tom und Jerry 141
Tomarctus 20
Töne 68
Torfhund 135
Totempfahl 111
Töten 62
Trächtigkeit 50
Tragzeit 51
Treibjagd 154
Trophäenjäger 182f.
Truppenübungsplatz 163
Tundrawolf 14

Turkana 24
Turkmenistan 183
Turkvolk 115

Überlebenschance 87, 100
Umweltbedingungen 103
Umweltveränderungen 87
Untergebenheit 73
Unterkiefer 87
Unterwerfung 73
Unterwürfigkeit 74
Upuaut 115
Urhund 29
Urin 97, 150
USA 164, 167, 176ff., 182
Usbekistan 183
Utonagan 135

Vancouver Island 139
Verdauen 95
Verdauungssystem 87
Verhaltensbiologie 66
Verhaltensweisen 74
Verpaarung 67
Verteidigungstechniken 97
Vielfraß 145, 154
Violdrüse 28, 47
Vivarais 130
Vögel 23f.
Vorratslager 95f.
Vridokara 114
Vrika 114

Wakias 111
Wal 111, 179
Wanderkorridor 170
Wanderung 30, 51, 66, 90, 100, 163f.
Wärmeregulation 96
Warnlaute 68
Wasser 96
Wedeln 74
Weißwedelhirsch 81, 97, 102
Welpe 40ff. 51, 54ff., 59, 63, 68, 73
Welpenaufzucht 66
Werwolf 116, 124ff., 141
Westpolen 162

White Fang 141
Wildhund 21
Wildpark Ernstbrunn 30
Wildpferd 163
Wildschwein 78, 161ff.
Witterung 46
Wolf Creek 141
Wolf, Ägyptischer 15
Wolf, Arabischer 11, 14
Wolf, Arktischer 10, 21
Wolf, Europäischer 10, 16, 130, 166
Wolf, Iberischer 14
Wolf, Indischer 21, 114
Wolf, Italienischer 14, 172
Wolf, Kanadischer 46
Wolf, Kaukasischer 15
Wolf, Mexikanischer 16
Wolf, Sibirischer 15, 46
Wolf's Rain 141
Wolfers 176
Wolfman 141
Wolfsattacke 133
Wolfsfalle 119
Wolfsfell 110, 125f.
Wolfsgott 125
Wolfshatz 119
Wolfshund 135, 138,140
Wolfshund, Irischer 29, 119
Wolfshund,Tschechoslo-
   wakischer 135
Wolfshybriden 137f., 140
Wolfsjunge 51
Wolfskontrollprogramm 31, 139
Wolfspaar 46
Wolfspelz 110, 127
Wolfspfad 154, 163
Wolfspopulation 122, 138
Wolfsschanze 133
Wolfsschutz 170, 175
WolveScienceCenters 30
Wotan 114
Wuffen 63, 68
Wurfhöhle 66, 68
Würgereiz 59
Wüstenwolf 96

Yama no kami 111
Yellowstone National Park 100, 103, 144, 182

Zähne 24, 28, 68, 72, 87
Zahnstellung 28
Zehenläufer 24
Zeichentrickfilm 110
Ziege 78, 103, 114f., 119, 145, 150f., 154, 171
Zitzen 50f., 54f.
Zucht 72, 135

LITERATURVERZEICHNIS

Adaptive Strategies of wild wolves in the Bow Valley of Banff National Park, A review of wolf behaviour patterns in a human dominated environment, Guenther Bloch, Dr. Mike Gibeau, Canmore, Alberta 2010

Cross-bred animals found on Vancouver Island 'aren't fit as pets or wild creatures' by Raincoast Conservation Foundation, Nicholas Read, Vancouver Sun A September 29, 2009

Der Mensch und seine Haustiere, Norbert Benecke, Theiss Vlg., Stgt., Mai 2000

Der Wolf – Zwischen Mythos und Wahrheit, Angelika Sigl, Karl Müller Verlag

Die Beschwichtigungssignale der Hunde, Untersuchung ausgewählter Signale in einer frei lebenden Hundegruppe, Mira Meyer, 2006

Ecological factors drive differentiation in wolves from British Columbia; Violeta Munñoz-Fuentes1*, Chris T. Darimont2,3, Robert K. Wayne4, Paul C. Paquet5 and Jennifer A. Leonard1,6, Journal of Biogeography J. Biogeogr., 2009

Highway Effects on Gray Wolves within the Golden Canyon, British Columbia; Carolyn Callaghan and Paul C. Paquet, Central Rockies Wolf Project, Jack Wierzchowski, Geomar Consulting

Leben mit Wölfen, Leitfaden für den Umgang mit einer konflikträchtigen Tierart in Deutschland; Ilka Reinhardt und Gesa Kluth, Bundesamt für Naturschutz

PR-Konzept für Wölfe in Deutschland, Kaczensky, P. 2006,; In: P. Kaczensky (Eds.). Medienpäsenz- und Akzeptanzstudie "Wölfe in Deutschland". Endbericht. Universität Freiburg, Deutschland

Wolves, Behavior, Ecology, and Conservation; edited by David L. Mech and LuigiBoitani, The University Press of Chicago 2003

BILDQUELLEN

Shutterstock Images 4, 5, 6/7, 28, 129, 148/149, 142/143, 156, 168/169
Michael Schönberger 8/9, 18, 19, 20, 26/27, 34/35, 44/45, 49, 52/53, 57, 60, 61, 63, 69, 70, 74, 86, 89, 94, 104/105, 108/109, 117, 128, 152/153, 160, 181
Jens Klatt 9, 22, 28, 71
Jaroslav Vogeltanz 32/33, 37, 58, 64, 65, 75, 76/77, 79, 88, 101, 124, 173
Gunther Kopp 38/39, 84/85, 98/99, 112/113, 120/121, 146/147, 155, 174
Angelika Sigl 80, 81, 82, 83, 110, 136/137, 178
Eve Schwender 134

DR. ANGELIKA SIGL

Dr. Angelika Sigl wurde am 1. April 1953 in München geboren. Die promovierte Biologin ist Autorin verschiedener naturwissenschaftlicher Sachbücher und Mitautorin einer zwanzigbändigen Naturenzyklopädie der Welt. Seit 25 Jahren arbeitet sie als Autorin und Produzentin bei verschiedenen Sendern. Ihre Arbeiten umfassen Dokumentationen, Expeditions- und Reiseberichte aus nahezu allen Kontinenten, sowie unzählige Beiträge in Magazinen im Bereich Naturwissenschaften und Medizin. Ihr neuer Interessensschwerpunkt gilt dem Kinderfernsehen, wo sie verschiedene Formate entwickelt hat.

MIRA MEYER

Mira Meyer wurde am 25. April 1977 in Trier geboren. Die diplomierte Biologin, die sich während ihres Studiums auf Tierökologie und Verhalten spezialisierte, schrieb eine Diplomarbeit über verwilderte Haushunde in der Toskana, die in der Hundeszene für Aufruhr sorgte. In den darauf folgenden Seminarvorträgen auf nationalen wie internationalen Hunde- und Wolfssymposien traf sie mit den Experten der Szene zusammen und erwarb damit unschätzbares Wissen für dieses Buch. Über einen Spielfilmdreh kam sie 2009 zur Filmbranche und ist seitdem bei der Firma Text+Bild in München für verschiedene Tierfilmformate zuständig. Neben ihrer Arbeit als Filmemacherin betreibt sie eine Hundeschule.

IMPRESSUM

© I.P. Verlag in der Nebel Verlags GmbH

© Nebel Verlag GmbH, Utting 2011
Bahnhofplatz 4, 86919 Utting am Ammersee
www.nebel-verlag.de

Das Werk einschließlich aller seiner Teile ist urheberrechtlich geschützt. Jede Verwertung außerhalb der engen Grenzen des Urheberrechtsgesetzes ist ohne Zustimmung des Verlags unzulässig und strafbar. Das gilt insbesondere für Vervielfältigungen, Übersetzungen, Mikroverfilmungen und die Einspeicherung und Verarbeitung in elektronischen Systemen.

Lektorat: Elga J. Nebel

Umschlaggestaltung, Layout und Satz:
Matthias Reithmeier
www.matthias-reithmeier.de

Druck: Gorenjski Tisk, Slovenia

ISBN: 978-3-86862-022-1